国家重点研发计划项目
湘西自治州科技重大专项项目

武陵山区常用药食两用动植物手册

周明高　谭晓文　吴一振◎主编

主编单位：湘西土家族苗族自治州民族中医院

中医古籍出版社
Publishing House of Ancient Chinese Medical Books

图书在版编目（CIP）数据

武陵山区常用药食两用动植物手册 / 周明高，谭晓文，吴一振主编 .—北京：中医古籍出版社，2023.3

ISBN 978-7-5152-2417-6

Ⅰ . ①武… Ⅱ . ①周… ②谭… ③吴… Ⅲ . ①山区—药用植物—西南地区—手册②山区—药用动物—西南地区—手册 Ⅳ . ① Q949.95-62 ② Q959.9-62

中国版本图书馆 CIP 数据核字（2022）第 016863 号

武陵山区常用药食两用动植物手册

周明高　谭晓文　吴一振　主编

策划编辑　郑　蓉
责任编辑　李美玲
文字编辑　王安琪
封面设计　蔡　慧
出版发行　中医古籍出版社
社　　址　北京市东城区东直门内南小街 16 号（100700）
电　　话　010-64089446（总编室）010-64002949（发行部）
网　　址　www.zhongyiguji.com.cn
印　　刷　廊坊市鸿煊印刷有限公司
开　　本　880mm×1230mm　1/32
印　　张　10.25
字　　数　239 千字
版　　次　2023 年 3 月第 1 版　2023 年 3 月第 1 次印刷
书　　号　ISBN 978-7-5152-2417-6
定　　价　98.00 元

《武陵山区常用药食两用动植物手册》
编委会

主　编　周明高　谭晓文　吴一振

副主编　罗远强　李　萍　杨黛仙　王　洪　周　顺　赵文红

编　委（按姓氏笔画为序）

王　洪　田　兰　李　进　李　轩　李　萍　李淑靖　杨黛仙　吴一振　罗远强　周明高　周　顺　赵文红　盛益华　彭武治　彭　鸿　彭晓媛　谭军宁　谭晓文

第一主编简介

周明高（1964—　），男，副主任药师，湘西土家族苗族自治州民族中医院（湖南省民族中医医院）副院长，中国民族医药学会土家医药分会副会长，湖南省药膳食疗研究会治未病分会副会长、膏方分会副会长，湘西自治州民族中医学会会长，湘西自治州药学会副会长，中国民族医药标准研究推广基地药学组负责人，吉首大学兼职副教授，长期致力于湘西民族药、药食两用资源及特色制剂研究。近年来，先后主持、参与国家重点研发项目、中国民族医药学会民族药标准化研究项目、湖南省中医药管理局科研课题以及湘西自治州科技重大专项等科研项目 10 项，荣获湖南省中医药科技奖三等奖 1 项，主编专著 1 部，发表民族医药研究论文 10 余篇，其中 1 篇获 2018 年湘西自然科技论文一等奖；牵头研究开发具有独特疗效的特色民族药院内制剂 26 个，其中 1 个取得了湖南省食品药品监督管理局颁布的注册批文，25 个取得了备案号；起草制订湖南省中药材标准 1 个，研究成果显著。

主编简介

谭晓文（1962—　），女，主任医师（二级），湘西土家族苗族自治州民族中医院（湖南省民族中医医院）院长，湖南省名中医，第六批全国老中医药专家学术经验继承工作指导老师，湖南省博士后科研流动站协作研发中心博士后合作导师，中国民族医药学会副会长，湖南省中医药跨世纪学科带头人，湖南省高级职称评审专家，湖南省中医药科技奖评审专家，中国民族医药学会医养结合分会常务理事，世界中医药联合会慢病管理专业委员会常务委员，湖南省中医及中西医结合学会常务理事，湖南省首届医养结合专业委员会常务委员，湖南省中医药国际合作专业委员会常务委员，湖南省职业康复专业委员会常务委员。长期潜心于心脑血管疾病为主的中医内科治疗，有丰富的临床经验，根据自己经验成功研制冠心通络丸、宁心丸、强心丸、安神助眠丸、润肠通便丸等院内制剂。主持国家重点研发项目、湖南省中医药管理局科研项目等4项，发表论文10余篇，主编专著1部，主审专著1部，参编2部，牵头组织制定和发布43项土家医药医疗标准，主持的“土家医药医疗标准及土家医医疗技术操作规范的研究制订”获中国民族医药学会科学技术二等奖。

主编简介

吴一振（1988— ）男，西北大学中药学硕士，执业药师，主管中药师，中国民族医药学会土家医药分会常务理事、副秘书长，中国民族医药学会药食同源分会理事、中国民族医药学会科研分会理事、湘西州民族中医学会副秘书长。长期从事中药、民族药以及药食同源品种的整理和合理用药研究，先后主持、参与国家重点研发项目、湖南省中医药管理局科研项目、湘西自治州科技重大专项等12项，参编著作1部（第一副主编），发表学术论文10余篇，其中获湘西自然科技论文二等奖和三等奖各1篇；在《大众卫生报》《团结报》发表中药民族药合理使用科普文近30篇，获湘西州第十三届青年科技奖和湖南省中医药科技奖三等奖各1项。

前言

武陵山区地处湘、鄂、渝、黔边区，区内峰峦叠嶂，山川秀美，气候温和，雨量充沛，日照充足，独特的生态环境孕育着极其丰富的动植物资源。长期以来，生长在这里的各族同胞在寻找食物和与疾病作斗争的漫长岁月中发现了大量既可食用又可治病防病的动物、植物，它们广泛地融入了当地群众的饮食生活和文化中。其中有些品种在这片土地已有数千年的应用历史和深厚的群众基础，有些被最新现代研究发现具有宝贵的保健作用和药用价值。由药食两用动植物衍生和开发应用而来的药食同源物质，本质为可食用中药材，因兼具药食两用性，历来以食疗、食补和药膳等形式广泛应用于医疗保健。这些丰富的药食两用动植物资源是大自然的美好馈赠，亦是新时期本地区大健康产业发展的资源宝库。

为系统研究、整理武陵山地区药食两用动植物常用品种，深入挖掘它们在医疗、保健养生、食用等方面的价值，湘西土家族苗族自治州民族中医院研究团队充分结合湖南省第四次中药资源普查成果，开展大量的资料收集、民间访谈和野外调查等工作，全面收集并记录了武陵山地区应用药食两用动植物的传统知识，在此基础上，组织专家编写了《武陵山区常用药食两用动植物手册》。

本书特色鲜明。一是收载的品种皆为武陵山区特色的药食两用动植物，资源丰富，品质优良，应用安全，具有地区代表性，是国家颁布的药食同源品种目录的有力补充。需要指出的是，受国家法律法规保护的野生动物、植物，本手册未予收载。二是品种应用方面充分彰显了地域性、民族性和地方饮食习性。书中收载的药膳简单易做，充分吸收了中医药养生保健理论和地区药用、食用习惯，切合当地药用、食用实际。三是全书图文并茂，收载的每一种动植物均附有形态逼真、色泽鲜艳的彩图，便于读者按图索骥，辨认该品种。全书共收录药食两用动植物150种，每个品种按【名称】【别名】【来源】【生长特征】【性味归经】【主要功效】【食用价值】【药用举例】【药膳举例】【使用注意】项目进行描述。本书文字简洁明了、通俗易懂，既适合中医药专业人士，也适合普通养生保健爱好者。笔者相信，本书的出版发行将对进一步认识和应用这些宝贵的药食两用资源，满足人民群众多层次、多样化的健康需求产生积极效应。

本书的编写和出版得到了2019年科技部国家重点研发计划中医药现代化研究“十五个少数民族医防治常见病特色诊疗技术、方法、方药整理与示范研究”（项目编号2019YFC1712500，课题编号2019YFC1712505）、湖南省中医药管理局科研项目（编号2021126）和湘西自治州科技重大专项（编号 2020SF1001）的经费资助，得到了湘西土家族苗族自治州民族中医院的大力支持和业内相关专家的精心指导，同时，中医古籍出版社的领导、编辑为本书的审修、出版倾注了大量的心血，湘西土家族苗族自治州民族中医院的毛正清药师无偿为本著作提供封面图片。在此表示衷心的感谢。

由于时间仓促以及编者水平有限，不足和疏漏之处在所难免，敬请同仁和读者批评指正。

《武陵山区常用药食两用动植物手册》编委会

2021 年 8 月 19 日

目录

1 八角茴香

【别名】大茴香、大料、五香八角、舶上茴香、八角珠。

【来源】木兰科植物八角茴香 *Illicium verum* Hook. f. 的成熟果实。秋、冬二季果实由绿变黄时采摘，置沸水中略烫后干燥或直接干燥。

【生长特征】生于气候温暖、潮湿，土壤疏松的山地。

【性味归经】辛，温。归肝、肾、脾、胃经。

【主要功效】温阳散寒，理气止痛。用于寒疝腹痛，肾虚腰痛，胃寒呕吐，脘腹冷痛。

【食用价值】含有挥发油、脂肪油及蛋白质、树胶、树脂、磷脂、β－谷甾醇、维生素 E 和胡萝卜苷等，广泛应用于调味剂、香料等，食用价值广泛。

【药用举例】

1. 治小肠气痛不可忍者：八角茴香 15g，杏仁 15g，葱白（和根捣，焙干）8g，用温胡桃酒调服。

2. 治腰痛如刺：八角茴香，炒后研末，每次服 6g，餐前用盐汤送服。

【药膳举例】

1. 八角茴香炖五花肉：准备八角茴香、五花肉、辣椒、生姜、料酒、食盐、老抽适量。将五花肉洗净后切块备用，锅内放入适量食用油烧至七成熟后放入八角茴香、生姜、辣椒爆香，再放入五花肉炒至金黄色后加上料酒增香，老抽上色入味后放入适量清水文火慢炖，炖至肉酥烂即可食用，有温中散寒、和胃止痛之功效。适用于便秘、寒疝腹痛、腰膝冷痛、胃寒呕吐、脘腹不适、寒湿脚气等人群食用。

2. 八角茴香狗肉汤：八角茴香 10g，桂皮 30g，生姜 150g，狗肉 1500g，黄酒及精盐适量。将狗肉洗净切块放入锅中，加入姜、桂皮、八角茴香及适量酒、精盐，加清水用文火炖 2 小时即可。有温肾助阳之功效，多用于冻伤及阳虚寒盛者。

【使用注意】阴虚火旺者慎服。不宜长期使用，以防上火。

2 八月瓜

【别名】八月札、预知子、八月果。

【来源】木通科植物三叶木通 *Akebia trifoliata*（Thunb.）Koidz.、木通 *Akebia quinata*（Thunb.）Decne. 或白木通 *A. trifoliata*（Thunb.）Koidz. var. *australis*（Diels）Rehd. 的成熟果实。8～9 月间果实成熟时采摘，鲜用或晒干。

【生长特征】生于山坡、灌丛或沟缘。

【性味归经】苦，寒。归肝、胆、胃、膀胱经。

【主要功效】疏肝和胃，活血止痛，软坚散结，利小便。主治肝胃气滞，脘腹、胁肋胀痛，饮食不消，痢疾，疝气，腰痛，月经不调，痛经，瘿瘤，瘰疬，恶性肿瘤。

【食用价值】八月瓜营养丰富，乳白多汁，香甜滑嫩，清润芬芳，美味可口。含多种可溶性果糖，淀粉，钙、磷、铁、锌、硒等人体所需的各种元素，各种有机酸，蛋白质，多种维生素，12 种人体能够合成的氨基酸以及人体不能合成的缬氨酸、蛋氨酸、异亮氨酸、苯丙氨酸、赖氨酸等。食用瓜果肉可清除体内毒素，增强免疫力，抗癌防病，可消除皮肤皱纹及色斑色素，使人面色红润生辉，胸腹气息调畅通达，是养颜美容，健身强体，延年益寿，老少皆宜，不可多得的保健果王。

【药用举例】

1. 治中寒腹痛、疝痛：八月瓜 30g，小茴香 12g，水煎服。
2. 治输尿管结石：八月瓜、薏苡仁各 60g，水煎服。

【药膳举例】

1. 八月瓜茶：取食果肉后的果皮用清水洗净后切成丝，晒干或烘干（温度不高于70℃的无烟火）贮存于密封的铁盒中作保健茶用，口感好，微甜，极耐冲，夏秋季一日一杯，冬春季两日一杯。可清除体内毒素，增强免疫力，抗癌防病，消除皮肤皱纹及色斑色素，是茶中之王。

2. 蜜煮八月瓜：八月瓜6个，剥去果皮，加蜂蜜和水适量，煮熟食。有益胃开胃的功效，适用于胃口热闭、反胃不下食人群。

【使用注意】孕妇慎服。

3 刀豆

【别名】刀豆子、刀板豆。

【来源】豆科植物刀豆 *Canavalia gladiata*（Jacq.）DC. 的豆荚及种子。秋季采收，鲜用或晒干。

【生长特征】喜温暖，喜强光，不耐寒霜。对土壤要求不严，但以排水良好而疏松的沙壤土栽培为好。

【性味归经】甘，温。归脾、胃、肾经。

【主要功效】温中下气，益肾补元。主治虚寒呃逆，呕吐，腹胀，肾虚腰痛，痰喘。

【食用价值】刀豆内含尿素酶、血球凝集素、刀豆氨酸（Canavanine）、淀粉、蛋白质、脂肪、钾、钙、铁以及多种维生素，具有减肥，预防高血压、高血脂、低血钾，防癌抗癌，改善水停消渴，缓解脾虚呕逆、食少久泄，提高免疫力之效。

【药用举例】

1. 治气滞呃逆，膈闷不舒：刀豆取老而绽者，研粉，每次服 6～9g，开水冲服。

2. 治肾虚腰痛：刀豆 1 对，小茴香 6g，吴茱萸 3g，补骨脂 3g，青盐 6g，打成粉，蒸猪腰子吃。

3. 治小儿疝气：刀豆研粉，每次 4.5g，开水冲服。

【药膳举例】

1. 刀豆红糖汤：准备老刀豆 30g，生姜 3 片，红糖适量。将刀豆、生姜洗净，加水 300mL，煮约 10 分钟，去渣取汤汁，再加红糖，调匀即成，服饮汤汁。具有温中降逆、止呃止呕之功效，适用于虚寒性呕吐、呃逆等人群。

2. 蒸刀豆：准备嫩刀豆120g，蒸熟，蘸白糖细细嚼食。有健脾益肾的功效，适用于脾胃虚弱、久痢、久泻、饮食减少等人群。

3. 刀豆煨猪腰：准备刀豆20粒，猪腰子1具。先将猪腰子劈成两半，治净，然后把刀豆放入其内，再将两半腰子合拢，外用荷叶包裹，入炭灰中煨熟猪腰子，取出刀豆，将猪腰子切片装盘即可。食用时少加作料，味更鲜美。此肴具有补肾健腰之功效，适用于肾虚腰膝酸软、疼痛、活动不利等人群。

【使用注意】生吃或未炒熟吃容易中毒。胃热盛者禁服。

4 土苋菜

【别名】刺苋、野苋菜。

【来源】本品为苋科植物刺苋 *Amaranthus spinosus* L. 的全草。春、夏、秋三季均可采收，洗净，鲜用或晒干。

【生长特征】野生于荒地或园圃地。

【性味归经】甘，微寒。归胃、脾、大肠经。

【主要功效】凉血止血，清利湿热，解毒消痈。主治胃出血，便血，痔血，胆囊炎，胆石症，痢疾，湿热泄泻，小便涩痛，咽喉肿痛，湿疹，痈肿，牙龈糜烂，蛇咬伤。

【食用价值】营养价值丰富，嫩茎叶含蛋白质、碳水化合物、钙、磷、铁、钾、胡萝卜素、维生素 B_1、维生素 B_2 和维生素 C，对促进生长发育具有良好的作用。

【药用举例】

1. 痢疾、急性肠炎、泄泻：鲜土苋菜 30 ～ 60g，水煎服，或加猪瘦肉同煎。

2. 痔疮：土苋菜 30 ～ 60g，煎水熏洗肛门。

【药膳举例】

1. 清炒土苋菜：将土苋菜洗净后待用，锅内放少许食用油烧成七分热，放入土苋菜翻炒熟后放入少许精盐，起锅即可食用。有清热祛湿之效，适用于夏日祛湿。

2. 土苋菜绿豆水鸭汤：准备鲜土苋菜 750g，绿豆 50g，广陈皮 15g，水鸭 1 只（约 750g）。先将水鸭宰杀，去除羽毛及内脏，洗净，斩大块，放进加有陈皮的沸水中稍焯，捞出冲洗干净血沫。土苋菜洗净，切长段，然后，连同洗净的绿豆、广陈皮一起置于砂锅内，加入清水3000mL、白酒少许，用武火煮沸后改用文火熬2小时，精盐调味，即可。具有良好的健脾祛湿、和胃消食、清热解暑、凉血解毒等作用，适用于一般人群服食。

【使用注意】虚痢日久、经期人群及孕妇忌用。食用时要焯水，不宜久食、大量食用。

5 土豆

【别名】阳芋、洋芋、马铃薯、荷兰薯。

【来源】茄科植物马铃薯 *Solanum tuberosum* L. 的块茎。夏、秋季采收，洗净，鲜用或晒干。

【生长特征】性喜冷凉，不耐高温，以日平均气温 17℃～21℃为宜。

【性味归经】甘，平。归脾、胃经。

【主要功效】和胃健中，解毒消肿。主治胃痛，痄腮，痈肿，湿疹，烫伤。

【食用价值】土豆的营养成分非常丰富，100g 土豆蛋白质含量约在 2～2.5g，而且土豆的蛋白质质量好，接近动物性蛋白，它含有特殊的黏蛋白，不但有润肠作用，还有脂类代谢作用，能帮助胆固醇代谢。土豆富含碳水化合物、植物蛋白、维生素 C、类胡萝卜素和膳食纤维。每 100g 土豆含钾 502mg，是少有的高钾食物，有助于降血压；类胡萝卜素是一种天然抗氧化剂，能保护心脏清除自由基。因此，心脏功能不好、高血压、高血脂等患者可适当多吃一些土豆，对心血管健康有好处。此外，土豆有齐全的 8 种氨基酸，还含有多种维生素，其中维生素 C 的含量比较多。土豆中钙、磷、镁、钾含量也很高。土豆最好蒸着吃，能最大限度地保留包括维生素 C 在内的营养素，而且淀粉颗粒充分糊化，更容易被消化分解，有助于减轻胃肠负担。

【药用举例】

1. 治烫伤：土豆磨汁，涂伤处。

2. 治腮腺炎：土豆1个。以醋磨汁，搽患处，干了再搽，不间断。

【药膳举例】

1. 土豆番茄汤：土豆150g，番茄80g，榨菜30g，分别切片后煮汤服。适用于脾胃虚弱，饮食减少等人群。

2. 土豆蜂蜜汁：新鲜土豆洗净（不去皮），切碎捣汁，加蜂蜜适量，每日早晨空腹服1～2匙，连续服用2～3周，服药期间禁止食用刺激性食物。适用于胃、十二指肠溃疡疼痛。

6 马齿苋

【别名】马齿菜、马苋菜、瓜子菜、长寿菜。

【来源】马齿苋科植物马齿苋 *Portulaca oleracea* L. 的地上部分。夏、秋两季当茎叶茂盛开花前采收，除去残根和杂质，洗净泥土，鲜用或用沸水略烫后晒干。

【生长特征】生于路旁、田间、园圃等向阳处。

【性味归经】酸，寒。归大肠、肝、脾经。

【主要功效】清热解毒，凉血止血，止痢。用于热毒血痢，痈肿疔疮，湿疹，丹毒，蛇虫咬伤，便血，痔血，崩漏下血。

【食用价值】马齿苋的茎叶中含蛋白质、脂肪、糖类、粗纤维、钙、磷、铁、钾、胡萝卜素、维生素，以及丰富的柠檬酸、苹果酸、氨基酸和生物碱等成分，可以抗衰老、防癌变、防肥胖。

【药用举例】

1. 治产后血痢，小便不通，脐腹痛：生马齿苋，捣烂，取汁18mL，煮沸，加蜂蜜 6mL，顿服。

2. 治尿血、便血：鲜马齿苋绞汁，藕汁等量。每次半杯（约60g），以米汤和服。

3. 治流行性脑脊髓膜炎：马齿苋 100g，石菖蒲 20g，红糖适量，共煎代茶频饮之，每日 1 剂。

【药膳举例】

1. 凉拌马齿苋：马齿苋洗净后在开水中焯至变色，于凉水中过一下，切小段后放入碗中，加入适量的盐和醋腌制十几分钟，再放入香油、辣椒搅拌均匀即可食用，有降压、降糖、防治心脑血管疾病之效。

2. 马齿苋粥：马齿苋250g，粳米60g，加水适量，煮成稀粥，每日2次，空腹食。适用于湿热腹泻，痢疾便血人群。

3. 马齿苋鸡蛋汁：马齿苋250g，捣烂绞汁，鸡蛋2个，取鸡蛋清与马齿苋搅拌，冲入沸水，每日分2次食用。适用于妇女赤白带下。

【使用注意】脾胃虚寒者慎用。不宜与甲鱼同食，否则会导致消化不良、食物中毒等症。孕妇忌用。

7 山莓

【别名】悬钩子、牛奶泡、三月莓、四月莓、扦秧莓。

【来源】为蔷薇科植物山莓 *Rubus corchorifolius* L.f. 的成熟果实。3～4月果实成熟时采摘，鲜用或晒干。

【生长特征】生于向阳山坡、溪边、灌丛中。

【性味归经】酸，平。归脾、肾经。

【主要功效】涩精益肾，助阳明目，醒酒，止渴，祛痰，解毒。主治肾虚，遗精，醉酒，痛风，丹毒。

【食用价值】果味甜美，含糖、苹果酸、柠檬酸、多种维生素以及钾、钙、磷、镁等元素，并含有黄酮类化合物、茶多酚、SOD、花青素、鞣化酸等，具有降血糖、降血脂、降血压、防癌抗癌、增强免疫力、抗衰老等功效，可供生食、制果酱及酿酒。

【药用举例】

1. 治遗精：山莓干15g，水煎服。

2. 治开水烫伤：山莓捣汁，敷患处。

【药膳举例】

1. 山莓汁：准备鲜山莓200g。将山莓洗净后放入榨汁机，加入适量的清水榨汁，服用时放入适量蜂蜜即可。有润肠通便、开胃之功效，适用于便秘、食欲不振等人群。

2. 山莓茶：山莓、枸杞子、红枣各适量，开水冲泡。具有补益气血、舒缓筋脉、润肤养颜的功效，一般人均可食用。

3. 山莓酒：山莓120g，冰糖200g，白酒500mL。将准备好的山莓洗净后放入玻璃瓶中，加入冰糖，倒入备好的白酒，盖上瓶盖，放置在阴凉处储存。15 天后，山莓酒即可倒出饮用。山莓酒具有活血、助阳以及涩精止遗等方面的功效。

【使用注意】孕妇不宜多食。

8 小果蔷薇

【别名】小金樱子、鸡公子、和尚果。

【来源】为蔷薇科植物小果蔷薇 *Rosa cymosa* Tratt. 的果实。秋冬季果成熟时采摘，鲜用或晒干。

【生长特征】生长于向阳山坡、路旁、溪边或丘陵地区。

【性味归经】酸、甘，温。归肺经。

【主要功效】化痰止咳，养肝明目，益肾固涩。用于痰多咳嗽，眼目昏糊，遗精遗尿，跌打损伤，白带。

【食用价值】含有白桦脂酸、白桦脂酸甲脂、熊果酸、β－谷甾醇，具有很好的保健作用。

【药用举例】

1. 跌打损伤：小果蔷薇捶敷患处。

2. 治风痰咳嗽：小果蔷薇 30 ～ 45g。水煎，冲红糖，早、晚饭前各服 1 次。

【药膳举例】

1. 小果蔷薇白术粥：准备小果蔷薇 10g，炒白术 10g，芡实 15g，粳米 30g。将前 3 味材料水煎取汁 200mL 和粳米同煮粥食用。适用于遗尿或尿床，兼见自汗、食欲不振的小儿。

2. 小果蔷薇果茶：准备小果蔷薇 20g，蜂蜜 30g。将小果蔷薇放入砂锅里加适量清水，大火烧开改中火煎煮 20 分钟左右取汁服用。有消肿止痛、祛风除湿、止血解毒、补脾固涩的功效，适用于风湿关节病、跌打损伤、阴挺、脱肛等人群。

3. 小果蔷薇酒： 小果蔷薇100g，白酒500mL。小果蔷薇洗净，晾干，捣碎装入布袋，置容器中，加入白酒浸泡，密封5～7天，过滤去渣即成。有活血散瘀的功效，适用于子宫脱垂、月经不调、妇女血虚干病等。

9 小茴香

【别名】小茴、谷茴。

【来源】伞形科植物茴香 *Foeniculum vulgare* Mill. 的成熟果实，秋季果实初熟时采割植株，晒干，打下果实，除去杂质。

【生长特征】喜湿润凉爽气候，耐盐，适应性强，对土壤要求不严，但以地势平坦、肥沃疏松、排水良好的沙壤土或轻碱性黑土为宜。

【性味归经】辛，温。归肝、肾、脾、胃经。

【主要功效】散寒止痛，理气和胃。用于寒疝腹痛，睾丸偏坠，痛经，少腹冷痛，脘腹胀痛，食少吐泻，睾丸鞘膜积液。盐小茴香暖肾散寒止痛，用于寒疝腹痛，睾丸偏坠，经寒腹痛。

【食用价值】它有特异的香气，是上乘烹调作料。小茴香果实的粗蛋白含量较高，此外，粗纤维和矿物质含量也相当丰富。小茴香果实中含有丰富的维生素及胡萝卜素，尤其各种微量元素含量较高。

【药用举例】

1. 治胃寒痛：小茴香、干姜各 9g，甘草 6g。水煎服。

2. 治疝痛：小茴香、巴戟天各 9g，橘核 6g。水煎服。

3. 治胁下疼痛：小茴香 15g（炒），枳壳 15g（麸炒）。研末，每次服 9g，盐汤调服。

【药膳举例】

1. 小茴香猪尿脬汤：小茴香 6g，桑螵蛸 15g，猪尿脬 1 个。

猪尿脬洗净，将小茴香、桑螵蛸装入猪尿脬内慢火煮汤，至猪尿脬软烂即可食用。适用于遗尿，夜尿频多。

2. 小茴香黄酒汤：小茴香 30g，黄酒 250mL。小茴香研粗末，入黄酒内煮沸，约 3 ～ 5 分钟，放温，分次服用。适用于下焦受寒，男子白浊。

3. 小茴香薰肥肠：小茴香 30g，猪肥肠 2500g，葱、姜、蒜共 45g，白糖 50g，白酒 50g，精盐 100g，熟硝 1g，芝麻油 10g。先将肥肠用醋、盐擦洗，去掉黏液和污物，然后用清水翻洗一遍，将里面的污物洗去，再翻转来。将洗净的肥肠放入开水锅里紧一下，紧好后捞出，放入凉水盆里投凉，洗净。酱油里放入老汤，烧开后，撇去浮沫，放入小茴香和调料，再把洗净的肥肠下到锅里，放熟硝，加热烧开后，用慢火煮 1 小时 30 分钟，熟透捞出。采用熏肉方法，将肥肠熏好取出，抹上麻油，摆在盘里即成。具有祛寒行气健脾的功效，适用于患胃寒胀痛、小腹冷痛、痛经、疝痛、睾丸肿痛等症状人群。

【使用注意】阴虚火旺者禁服。

10 山银花

【别名】金银花、双花、忍冬花。

【来源】忍冬科植物灰毡毛忍冬 *Lonicera macranthoides* Hand.-Mazz.、红腺忍冬 *Lonicera hypoglauca* Miq.、华南忍冬 *Lonicera confusa* DC. 或黄褐毛忍冬 *Lonicera fulvoto-mentosa* Hsu et S. C. Cheng. 的花蕾或带初开的花。夏初花开放前采收，干燥。

【生长特征】生于溪边、旷野疏林下或灌木丛中。

【性味归经】甘，寒。归肺、心、胃经。

【主要功效】清热解毒，凉散风热。用于痈肿疔疮，喉痹，丹毒，热毒血痢，风热感冒，温病发热。

【食用价值】富含蛋白质、多种氨基酸和微量元素，营养价值高。具有降血糖血脂、免疫调节、抗氧化等作用。

【药用举例】

1. 治太阴风温、温热，冬温初起，但热不恶寒而渴者：山银花 15g，连翘 15g，桔梗 18g，薄荷 18g，竹叶 12g，甘草 15g，荆芥穗 12g，淡豆豉 15g，芦根 15g，炒牛蒡子 18g。水煎服。

2. 治太阴暑温，汗后余邪未尽，头感微胀，视物不清：鲜山银花 6g，鲜荷叶 6g，西瓜翠衣 6g，鲜扁豆花 1 枝，丝瓜皮 6g，鲜竹叶 6g。水煎服。

【药膳举例】

1. 银花白糖水：山银花 18g，白糖 18g。山银花、白糖同时放杯中，开水冲泡后盖盖浸泡，凉后代茶饮用。适用于咽痛。

2. 山银花饮：准备山银花 30g，山楂 10g，蜂蜜 250g。将山银花、山楂放入锅内，加清水适量，用武火烧沸 3 分钟后，将药汁滤入盆内，再加清水煎熬 3 分钟，滤出药汁。将两次药汁一起放入锅内，烧沸后，加蜂蜜，搅拌即成，代茶饮。具有辛凉解表的功效，适用于患有风热感冒、头痛发热、口渴等人群。

【使用注意】脾胃虚寒及气虚疮疡脓清者忌服。

11 马蜂蛹

【别名】蜂子、草蜂、黄蜂。

【来源】胡蜂科昆虫胡蜂 *Vespa Manifica* Smith 的蛹，高龄幼虫至变蛹期采收。

【生长特征】喜栖息光照充足的灌木林里。

【性味归经】甘，微寒。归脾、肝、肾经。

【主要功效】滋补强壮，止痛解毒，杀虫。用于体虚面黄，丹毒，虫积腹痛。

【食用价值】蜂蛹高蛋白、低脂肪，含维生素 A、维生素 D、氨基酸、酶及锗、硒、钙等元素，有滋补强壮、健脑和调节人体新陈代谢及代谢平衡的作用，对促进食欲、增加体重、改善消化和造血功能以及减轻神经疾病症状具有一定效果。

【药用举例】

治痈肿不消：将马蜂蛹烧成末，用油调和，敷在虫子咬伤成疮的患处。

【药膳举例】

1. 油炸蜂蛹：以蜂蛹为主要原料。烹制时，先将蜂蛹从蜂巢中取出，拣去杂质，用清水漂洗一遍，滤干，倒入油烧至七八成熟的油锅内，用文火把蜂蛹煎炸至金黄色时，加入少许食盐，便装盘供食。可增强人体免疫力。

2. 清蒸蜂蛹：以野生蜂蛹为主要原料，烹制时，只需将蜂蛹漂洗干净，加入少量食盐，装在碗内置于木甑内蒸熟，撒上少许花椒粉和适量味精拌匀即可食用。具有补虚益气、延缓衰老的功效。

【使用注意】不可与黄芩、芍药、牡蛎同食，过敏体质的人群慎食。

12 牛肝菌

【别名】罐罐菌、大脚菇、荞巴菇、猫儿菇。

【来源】牛肝菌科真菌华美牛肝菌 *Boletus speciosus* Frost[*Suillus speciosus*（Frost）Kuntz.]、红脚牛肝菌 *Boletus queletii* Schulz.、桃红牛肝菌 *Boletus regius* Krombh. 的子实体。春秋采收，晒干。

【生长特征】华美牛肝菌单生或群生于阔叶林下，喜潮湿，易腐烂，多见于壳斗科植物林下；红脚牛肝菌单生或群生于坚硬木林下，以壳斗科林为普遍；桃红牛肝菌生于栎林下或林边草地；魔牛肝菌生于栎林下或林边草地。7～10 月现蕾和出菇。

【性味归经】微甘，温。归肝、脾经。

【主要功效】消食和中，祛风寒，舒筋络，降压。用于食少腹胀，腰腿疼痛，手足麻木，高血压，血脂异常，肝硬化。

【食用价值】牛肝菌富含多糖、黄酮类、多酚类物质和麦角甾醇等功能成分，具有抗氧化、调节免疫力等功能。营养成分则呈现高优质蛋白质、低热能、低脂肪的特点。牛肝菌含量较高的赖氨酸和精氨酸，能促进儿童的身体健康和智力发育。

【药用举例】

治消化不良，腹胀：牛肝菌 6g，马蹄香（根、茎）15g。水煎服，每日 2 次。

【药膳举例】

1. 牛肝菌炒瘦肉：将牛肝菌（新鲜牛肝菌）、瘦肉、盐、蒜、姜等适量洗净后备用。牛肝菌洗净切片，瘦肉切片裹淀粉后用大油滑开，再与牛肝菌一起翻炒，加适量水焖熟，出锅前放入蒜、姜和少许盐，收汁后起锅即可。有补虚除烦之功效，适用于五心烦热、围绝经期综合征等人群。

2. 牛肝菌汤：牛肝菌、里脊肉、鸡蛋适量，调料少许。将牛肝菌洗净，切成块；里脊肉洗净切片入碗，加鸡蛋清、味精、胡椒粉、湿淀粉，拌匀上浆；蒜、姜均切片，葱切段备用。炒锅置中火，注入油烧热，分别下肉片、牛肝菌块滑透，倒入漏勺控油；炒锅留底油烧热，下蒜片、姜片、葱段煸香，倒入牛肝菌块、肉片，加入清水大火烧开后改小火煲，当清汤变白后加入调料即可。有益气补血之功效，适用于气虚乏力、慢病稳定期等人群。

3. 薏米冬瓜炖牛肝菌：薏苡仁、牛肝菌、排骨、冬瓜适量，调料少许备用。先将薏苡仁泡发备用，再将牛肝菌洗净切开，排骨切段后汆水，冬瓜带皮切方块，生姜切片待用，将这些食料一同放入紫砂锅里，加入适量清水，大火烧开煮沸后改为小火，慢煲 2 ～ 3 小时，出锅前加入调料即可。有祛湿利水、生津止渴之功效，适用于下肢浮肿、小便不利等人群。

13 牛皮菜

【别名】红牛皮菜、厚皮菜。

【来源】藜科植物厚皮菜 *Beta vulgaris* L.var.*cicla* L. 的新鲜全草。夏季采集，晒干或鲜用。

【生长特征】喜温凉湿润的气候条件。

【性味归经】甘、苦，寒。归肺、肾、大肠经。

【主要功效】清热凉血，透疹。用于吐血，麻疹不透。

【食用价值】牛皮菜富含还原糖、粗蛋白、纤维素、维生素C以及钾、钙、铁等元素。每100g牛皮菜叶片含还原糖0.95g，粗蛋白1.38g，纤维素2.87g，脂肪0.1g，胡萝卜素2.14mg，维生素C 45mg，维生素B_1 0.05mg，维生素B_2 0.11mg，钾164mg，钙75.5mg，镁63.1mg，磷33.6mg，铁1.03mg，锌0.24mg，锰0.15mg，锶0.58mg，硒0.2μg。

【药用举例】

1. 治成人及小儿出麻疹应期不透：新鲜红牛皮菜30g，芫荽子、樱桃核各9g。水煎服。

2. 治吐血：新鲜牛皮菜30g，鲜鱼腥草30g，白及（研粉）9g。前两味煎汤，以药汁冲服白及粉。

【药膳举例】

1. 清炒牛皮菜：将牛皮菜洗净切段或丝待用，锅内放少许食用油烧成七分热，放入牛皮菜翻炒熟后放入少许精盐，起锅即可食用，有清热解毒、润肠通便、美容养颜之效，适用于心火上炎，大便干结及无禁忌证的大部分人。

2. 牛皮菜火腿粥：牛皮菜 50g，火腿 1 个，糯米以及大米 200g，食盐、葱花适量。将牛皮菜洗净和火腿一起切成小块，备用；把糯米和大米淘洗干净后放入锅中，加入适量的清水煮成粥；放入切好的牛皮菜和火腿块大火煮 5 分钟，放入少许的食盐以及葱花即可。适用于肺热咳嗽人群。

【使用注意】孕妇、脾虚泄泻者忌服。食用时要焯水，不宜久食及大量食用。

14 无花果

【别名】文先果、奶浆果、树地瓜、映日果、明目果、密果。

【来源】桑科植物无花果 *Ficus carica* L. 的花托。夏秋采收，鲜用或晒干。

【生长特征】喜温暖湿润气候，耐瘠，抗旱，不耐寒，不耐涝。

【性味归经】甘，凉。归肺、胃、大肠经。

【主要功效】清热生津，健脾开胃，解毒消肿。主治咽喉肿痛，燥咳声嘶，乳汁稀少，肠热便秘，食欲不振，消化不良，泄泻，痢疾，痈肿，癣疾。

【食用价值】无花果是纯天然功能性食品，营养丰富，含有多种有机酸类及类胡萝卜素类化合物，含钾、钙、锌、镁、磷、铁等元素，并富含 18 种氨基酸及多种维生素，其中维生素 A、维生素 C 的含量尤其丰富。果实可以加工制作果酱、果脯、罐头、果汁、果粉、蜜饯及多种饮料，是无公害的绿色食品，被誉为"21 世纪人类健康的守护神"。

【药用举例】

1. 治咽痛：无花果 7 个，金银花 15g。水煎服。

2. 治干咳、久咳：无花果 9g，葡萄干 15g，甘草 6g。水煎服。

3. 治消化不良性腹泻：无花果（炒）、山楂（炒）、鸡内金（炒）各 9g，厚朴 4.5g。水煎服。

【药膳举例】

1. 无花果汁：无花果 200g 洗净后放入打汁机里打成汁过滤去渣，再加入牛奶当饮料喝，有消肿利咽之效。适用于咽喉肿痛、口腔溃疡等人群。

2. 无花果银耳汤：无花果 100g，百合 25g，银耳 1 朵，冰糖适量。将银耳、百合提前泡发，银耳撕成小朵备用，以上食料放入汤锅，加入适量的清水大火煮开，然后改为小火煮 1～2 小时，放入冰糖融化后出锅，有滋阴润燥、和胃之效。适用于消化不良、不思饮食、阴虚咳嗽、干咳无痰等人群。

【使用注意】脾胃虚寒者慎服，中寒者忌食。

15 木姜子

【别名】山胡椒、木香子、木樟子、山姜子、山苍子。

【来源】樟科木姜子 *Litsea pungens* Hemsl. 的果实。8～9月采果，晒干。夏秋采叶，晒干。

【生长特征】生长于溪旁、坡地或杂木林缘。

【性味归经】辛、苦，温。归脾、胃经。

【主要功效】健脾燥湿，行气止痛，温中散寒，消食化滞。治胃寒腹痛，泄泻，食滞饱胀，暑湿吐泻，痛经。

【食用价值】木姜子主要成分为柠檬醛、牻牛儿醇、柠檬烯的挥发油、脂肪油、十二碳烯酸、癸烯酸、十四碳烯酸、肉豆蔻酸、油酸、亚油酸等，提炼加工的木姜子油具有抗过敏、抗心律失常、抗真菌的作用，同时是一款味美独特的调味剂。

【药用举例】

1. 治消化不良，胸腹胀：木姜子焙干，研末，每次吞服1～1.5g。

2. 治关节痛：木姜子30g，雄黄15g，鸡矢藤60g。捣烂炒热，布包揉擦痛处。

【药膳举例】

1. 凉拌木姜子：木姜子200g，蒜、盐、鸡精、香油调料少许。将新鲜采摘回来的木姜子，用水洗干净，晾干备用。将木姜子加入蒜末、盐、鸡精和香油拌匀即可食用。有开胃健脾、行气止痛、祛风散寒之功效，适用于食欲不振、消化不良、畏寒怕冷、脘腹疼痛等人群。

2. 木姜子香鸡：鸡1只，木姜子30g，盐、辣椒、酱油、姜、葱、蒜、料酒、味精少许。将鸡块洗干净，破开鸡尾，肚部开一小口，去除内脏。放入12g盐及适量姜块、葱节、料酒内外擦匀，腌渍12分钟左右，辣椒切小圆圈待用。锅内放入清水烧开，放入鸡在锅内小火煮一刻钟，关火后浸泡一刻钟，捞出控水放凉，鸡切成重约15g的块，按照原形摆入盘中。锅内放入姜、蒜、木姜子、辣椒，小火烧开，加入适量的盐、味精调味后出锅，浇在盘中。具有健脾益胃的功效，适用于体弱、免疫力低下以及贫血的人群。

【使用注意】患有慢性胃肠疾病、肠胃功能不全者，肠胃有热、阴虚火旺等人群，孕妇及对木姜子过敏者忌用。

16 木耳菜

【别名】蔠芭菜、胭脂菜、紫葵、豆腐菜。

【来源】落葵科植物落葵 *Basella alba* L. 的叶。夏、秋采收，洗净，除去杂质，鲜用或晒干。

【生长特征】落葵喜温暖、湿润和阳光充足的环境。不耐寒，耐高温高湿，忌阳光曝晒。生长适温为 20℃～30℃。适宜生长在土层深厚、肥沃、疏松和排水良好的沙质土壤中。

【性味归经】甘、酸，寒。归心、肝、脾、大肠、小肠经。

【主要功效】滑肠通便，凉血解毒，活血。治大便秘结，小便短涩，痢疾，便血，斑疹，疔疮，跌打损伤。

【食用价值】鲜叶含水分 92%，碳水化合物 3.1%，蛋白质 1.7% 及维生素 C、脂肪、粗纤维、胡萝卜素、钙、磷、铁、黏质等。全草供药用，为缓泻剂，有滑肠、散热、利大小便的功效；花汁有清血解毒作用，能解痘毒，外敷治痈毒及乳头破裂；茎、叶有清热凉血、润肠及利小便的功能，并含烟碱等成分，可治高血压，其花可治痘毒及肿毒，外敷能治疮疖。

【药用举例】

1. 治小便短赤：鲜木耳菜每次 60g，煎汤代茶频服。

2. 治疔疮：鲜木耳菜（叶）十余片，捣烂涂贴，每日换药 1～2 次。

【药膳举例】

1. 甜椒木耳菜汤：准备甜椒 200g，木耳菜 520g，姜 3g，盐

3g，花生油 5g。将木耳菜洗净，放入开水中，加入 1 汤匙油灼熟，捞起沥水。放入甜椒与木耳菜，加入调料爆炒一会儿，加入汤水，煮开即成。具有润肠通便、凉血活血功效，适用于老年便秘患者以及高血压、肝病患者人群。

2. 清炒木耳菜：木耳菜 350g，花生油 15g，大蒜 15g，香油 8g，料酒 3g，盐 2g，味精 1g。将木耳菜洗净，捞出沥水备用；蒜切成末；炒锅放火上，倒入花生油烧热，放入蒜末稍炒；倒入料酒，放入木耳菜、精盐、味精，浇入香油，出锅即可。具有凉血解毒的功效，适用于免疫力和抵抗力低下的人群。

【使用注意】脾胃虚寒者慎服。

17 木瓜

【别名】楙、木瓜实、铁脚梨。

【来源】蔷薇科植物贴梗海棠 *Chaenomeles specioa*（Sweet）Nakai 的成熟果实。鲜用或晒干。

【生长特征】栽培或野生。喜温暖湿润气候，对土壤要求不严，我国南方较温暖的地区均可栽种。

【性味归经】酸，温。归肝、脾经。

【主要功效】舒筋活络，和胃化湿。用于湿痹拘挛，腰膝关节酸重疼痛，暑湿吐泻，转筋挛痛，脚气水肿。

【食用价值】木瓜中含有丰富的蛋白质、脂肪、粗纤维、果胶、维生素 A、维生素 C 以及钙、磷、铁等元素。此外，木瓜中还含有 17 种氨基酸及苹果酸、酒石酸、枸橼酸等，是纯天然的风味独特的绿色食品，具有舒筋活络的功效，对腰腿酸痛麻木、腓肠肌痉挛、四肢抽搐、风湿性关节炎等病症具有良好的效果。同时，食用木瓜还能增强人体免疫力。

【药用举例】

1. 治风湿关节炎：木瓜、豨莶草、老鹳草各 9g。水煎服。

2. 治脚气湿热：木瓜、薏苡仁各 15g，白术、茯苓各 9g，黄柏 6g。水煎服。

【药膳举例】

1. 木瓜粥：鲜木瓜 1 个，粳米 50g，白糖适量。将木瓜洗净，用冷水浸泡后蒸熟，趁热切成小块。锅中加入 400mL 冷水，放入粳米，先用旺火煮沸后，再改用小火煮半小时，加入熟木瓜块，用白糖调好味，继续煮至粳米软烂，即可食用。具有健胃祛湿、舒筋通络的功效。

2. 蜜汁木瓜：木瓜 1 个，蜂蜜 300mL，生姜 2g。将木瓜去皮瓤切片，加水适量。放入蜂蜜和生姜煮沸，微火煮 10 分钟即可。具有祛风利湿、舒筋止痛的功效。

3. 木瓜炒鸡：木瓜 50g，公鸡肉 250g，枸杞子 30g。将木瓜切丝，与枸杞子、鸡肉块下油锅爆炒熟食用。有舒筋活血、强身健体之效。

【使用注意】不可多食，损齿及骨；忌铅、铁；下部腰膝无力、真阴不足者，不宜用；伤食脾胃未虚、积滞多者，不宜用；不宜与虾、韭菜、油炸食物同食。

18 木槿叶

【别名】槿树叶、川槿叶。

【来源】锦葵科植物木槿 *Hibiscus syriacus* L.的嫩叶芽。6～10月采摘，鲜用或晒干。

【生长特征】多生于向阳山角、路旁。

【性味】苦，寒。归大肠、胃经。

【主要功效】清热解毒。主治赤白痢疾，肠风，痈肿疮毒。

【食用价值】木槿叶含有丰富的蛋白质、脂肪、维生素C、糖类、粗纤维以及人体必需的元素钙、镁、铁、锌等，具有乌须发、抗氧化、抗肿瘤以及调节血糖血脂等保健作用。

【药用举例】

1.治疗疮疖肿：木槿鲜叶，和食盐捣烂敷患处。

2.治足背痈疽脓尽，生肉平满：木槿叶60g（阴干为末），白及、赤小豆各30g。共为末，用新汲水调和，摊纸上贴之。

3.治大肠脱肛：木槿叶煎汤熏洗，后以五倍子、白矾等分为末，敷上。

【药膳举例】

1.粉蒸木槿叶：木槿叶100g，玉米粉10g，面粉10g，生抽一小匙，醋一小匙，大蒜末少量，芝麻油、白糖少许。将木槿叶洗净，沥干，切好；倒入少量油，拌匀，使木槿叶表面均匀地沾上油；将玉米粉与面粉混合均匀；混合好的玉米面粉倒入拌好油的木槿叶中，拌匀，使木槿叶表面均匀地沾上粉；蒸锅内放入适量的水，大火烧开，再放入拌有玉米粉和面粉的木槿叶，盖上锅盖，大火蒸 5 分钟后取出；将生抽、醋、蒜末、芝麻油、糖放入小碗中混合成调味汁，食用时用木槿叶蘸汁即可。适用于易长疮毒的人群。

2. 凉拌木槿叶：木槿叶 100g，麻油 1 勺，生抽 1 勺，陕西陈醋 1 勺，盐 5g，剁椒 1 勺。新鲜木槿叶洗净。在锅里加入水和盐，沸腾后倒入木槿叶，焯水捞出沥干水，调好酱汁，把木槿叶放进容器里加酱汁拌匀，装盘。具有清热解毒的功效，普通人群食用皆可。

【使用注意】孕妇慎用。

19 水芹菜

【别名】水英、野芹菜。

【来源】伞形科植物水芹 *Oenanthe javanica*(Bl.)DC. 的全草。9～10 月采割地上部分，晒干。

【生长特征】生于山坡、林下、溪边、沟旁、水边湿地中。

【性味归经】辛、甘，凉。归肺、胃、肝经。

【主要功效】清热，利水。治暴热烦渴，黄疸，水肿，淋病，带下，瘰疬，痄腮。

【食用价值】水芹菜含有丰富的蛋白质、脂肪、粗纤维、胡萝卜素、维生素 B、维生素 C 及其挥发油、水芹素和多种游离氨基酸等，常食水芹菜有较好的降血压、降血脂的作用。

【药用举例】

1. 治小便不利：水芹菜 9g。水煎服。

2. 治痄腮：水芹捣烂，加茶油敷患处。

3. 治黄疸：鲜水芹根 60g，连钱草 90g，虎刺 60g，猪精肉 90g。水煎服。

4. 治行经腹痛，月经量多：鲜水芹菜 15g，茜草根 12g，益母草 30g。水煎分早、晚服。

【药膳举例】

1. 水芹菜汁：鲜水芹菜 15～20g，洗净煎服或捣汁服。适用于感冒发热咳嗽。

2. 香煸水芹菜：水芹菜 1 把，豆腐干 15g，葱花 10g，精盐

3g，味精2g，植物油25g。水芹菜洗净切段，放入沸水锅焯一下，捞出，豆腐干切片；炒锅上旺火，放油烧至七成热，下葱花煸香，放入豆腐干煸炒，加入精盐入味，出锅待用；炒锅上旺火，放油烧至七成热，投入水芹菜段煸炒，加入精盐炒至入味，倒入豆腐干炒至片刻，放入味精，出锅即成。具有清解肺热、养胃利水的功效，适用于烦渴、水肿人群。

【使用注意】食用时要焯水，脾胃虚寒者，慎绞汁服。

20 乌龟

【别名】龟、水龟、神龟、元绪、泥龟。

【来源】龟科动物乌龟 *Chinemys reevesii*（Gray）的腹甲、背甲及肉。全年均可捕捉。杀死，或用沸水烫死，剥取甲壳。

【生长特征】一般生活栖息在湖泊、池塘、河溪、草丛等地方。

【性味归经】甘、酸，温。入肝、肺、脾经。

【主要功效】除湿痹，补阴虚，滋肾水，止血，解毒。主治湿痹，风痹，筋骨疼痛，久年寒咳，夜多小便，小儿遗尿，痔疮下血，血痢，子宫脱垂。

【食用价值】乌龟含有丰富的蛋白质、脂肪、糖类、多种维生素、烟酸、胶质等营养成分以及多种微量元素，是传统的食疗补品。食用能增强人体免疫力，具有防癌抗癌、改善失眠以及美容美颜等作用。

【药用举例】

1. 治痿厥，筋骨软，气血俱虚甚者：黄柏（炒）、龟甲（酒炙）各 45g，干姜 6g，牛膝 30g，陈皮 15g。上为末，姜汁和丸，或酒糊丸。每服 70 丸，白汤下。

2. 治小儿解颅：龟甲 15g，地黄 3g。水煎，分早、中、晚三服。

【药膳举例】

1. 乌龟补肾汤：乌龟 1 只，枸杞子 30g，山药 30g，女贞子

15g。将乌龟去肠脏及头，与枸杞子、山药、女贞子共煮熟，去药调味即成。吃肉喝汤。适用于肝肾阴虚之腰膝酸软、遗精、头昏、目眩等人群。

2. 乌龟煲土茯苓汤：准备乌龟2只（或制龟甲100g），土茯苓150g，芡实60g，枸杞子30g，龙眼肉50g。将乌龟放入盆中，淋热水使其排屎尿，用开水烫死后，剖开，去内脏、头，洗净；土茯苓、芡实（稍浸）、枸杞子、龙眼肉洗净，把乌龟（或制龟甲）及其他用料一起放入砂锅中，加清水适量，用武火煮沸后，改用文火煲4小时，调味供用。具有滋阴清热、健脾祛湿之功效。适用于肾阴不足、阴虚火旺之骨蒸潮热，或脾虚湿聚、湿浊内停的湿疹疮毒反复发作，或脾肾亏虚之泄泻、带下等人群。

【使用注意】脾胃虚寒及孕妇禁服。

21 甘蓝

【别名】盖兰球、球甘蓝、芥兰头。

【来源】十字花科植物球茎甘蓝 *Brassica caulorapa* Pasq. 的球茎。秋季采收，鲜用或晒干。

【生长特征】喜肥，喜温和湿润，喜充足的光照。

【性味归经】辛，凉。归胃、肾经。

【主要功效】健脾利湿，解毒。主脾虚水肿，小便淋浊，大便下血，湿热疮毒。

【食用价值】含有丰富的钾、钙、磷、镁等元素，膳食纤维和丰富的维生素C，并含有人体不可缺少的钼、锰等微量元素。钼能抑制亚硝胺的合成，有一定的抗癌作用，锰可以促进人体的物质代谢，有助于身体生长发育。甘蓝还含有维生素E，有助于延缓衰老。可以鲜食、熟食或腌制。

【药用举例】

1. 治脾虚浮肿：甘蓝60g，糯米草30g，水皂角30g，萝卜头30g，木防己9g，大腹皮9g。水煎服。

2. 治无名水肿：鲜甘蓝适量，捣绒敷患处。

【药膳举例】

1. 清炒甘蓝片：新鲜甘蓝洗净后切片，辣椒切小段，锅内放入适量食用油烧至七成热后放入辣椒煸香，再放入甘蓝翻炒熟，出锅前放入少量食盐和生抽调味即可，具有促进大肠蠕动、防止便秘、排出毒素、增强人体免疫力的功效。一般人群均可食用，特别适合糖尿病患者以及容易骨折的老人。

2. 鲜甘蓝汁：取鲜甘蓝500g，绞取汁液，加入适量饴糖。每次200mL，饭前服用，每日2次。具有健脾胃功效，适用于胃及十二指肠溃疡、胃脘疼痛者。

【使用注意】胆囊炎病人、眼部充血患者忌用。

22 甘蔗

【别名】薯蔗、干蔗、竿蔗、糖梗。

【来源】禾本科植物甘蔗 *Saccharum officinarum* L. 的茎秆。秋后采收，砍取地上部分，除去叶、根，鲜用。

【生长特征】喜温暖湿润环境。宜长于土层深厚、疏松肥沃、排水良好、阳光充足的地方。

【性味归经】甘，平。归肺、胃经。

【主要功效】消热，生津，下气，润燥。治热病津伤，心烦口渴，反胃呕吐，肺燥咳嗽，大便燥结，并解酒毒。

【食用价值】甘蔗汁多味甜，营养丰富，是颇受大众欢迎的秋季水果。甘蔗含有丰富的蔗糖、果糖、B族维生素、维生素C，以及钙、磷、铁等元素，含铁量在所有的水果中最多，故有“秋日甘蔗赛过参”之说法。

【药用举例】

1. 治发热口干，小便涩：甘蔗，去皮尽令吃之，咽汁。若口痛，捣取汁服之。

2. 治反胃，早食晚吐或晚食早吐：甘蔗汁适量，加生姜汁少许，二味相和服用。

【药膳举例】

1. 甘蔗粥：准备甘蔗适量和粳米1～2两。煮制方法为用新鲜甘蔗，榨取甘蔗汁约100～150mL，兑水适量，同粳米煮粥。具有养阴润燥、清热生津的功效，适用于热病恢复期津液不足所致的心烦口渴、肺燥咳嗽、大便燥结等人群。

2. 甘蔗白藕汁：准备鲜甘蔗500g，嫩藕500g。将鲜甘蔗去皮切碎，榨汁。嫩藕去节切碎，取汁与甘蔗汁混合。适用于小便赤热、吐涩泄泻等人群。

【使用注意】脾胃虚寒者慎服。

23 白菜

【别名】小白菜、大白菜。

【来源】十字花科植物白菜 *Brassica Pekineusis*（Louv.）Rupr. 的叶。打霜后采收，鲜用或晒干。

【生长特征】广泛栽培，喜长在冷凉的气候下。

【性味归经】甘，平。入胃、肠、肝、肾、膀胱经。

【主要功效】通利肠胃，消食下气，除胸中烦，解酒渴。用于治疗肠胃不和、胸中烦闷、食物不消等。

【食用价值】白菜含有丰富的维生素 C、维生素 E，多吃白菜，可以起到很好的护肤和养颜效果，可预防维生素 C 缺乏症（坏血病）。白菜含有丰富的粗纤维，能促进肠胃蠕动、帮助消化、润肠排毒，对预防肠癌有良好作用。白菜营养丰富，可炒食、腌制或制酱渍。

【药用举例】

1. 发热口渴，大小便不利：白菜用开水煮汤食。

2. 烫伤：白菜老叶 5 片，焙干研细，香油调匀，涂搽患处。

【药膳举例】

1. 白菜金针菇滚瘦肉：白菜 250g，金针菇 150g，瘦肉 100g，香菇 20g，虾米 5g。白菜洗净对切成四块，金针菇洗净去掉根部，瘦肉切片备用，虾米洗净泡软备用；香菇清水先洗净，再用温水浸泡至软后，连水倒入锅中，将备好的虾米加入锅中，加水 1500mL，大火煮开后加入白菜，金针菇煮开后再加入瘦肉片，水开后加盐调味即可。具有润肠通便、调节免疫力的功效，适合便秘、生长发育中的青少年及免疫力低下的人群食用。

2. 白菜绿豆汤：准备白菜叶 50g，绿豆 100g。先把绿豆加水适量煮沸，煮至将熟时，放入切碎的白菜叶，再煮 20 分钟即可。具有清热解毒、解暑的功效，适用于患热毒疔疮、中暑人群。

3. 白菜蒸豆渣：白菜 100g，豆腐渣 100g，糯米粉适量。白菜洗净切段，与豆腐渣、糯米粉一起拌匀，温火蒸熟食用。对糖尿病的口渴、多食、多尿有一定的治疗作用。

【使用注意】气虚胃寒者不宜多食。

24 白果

【别名】公孙果、白果仁、灵眼。

【来源】银杏科植物银杏 *Ginkgo biloba* L. 的干燥成熟种子。秋季种子成熟时采收，除去肉质外种皮，洗净，稍蒸或略煮后，烘干，再炒至有香气。

【生长特征】生于海拔 500 ～ 1000m 的酸性土壤，排水良好地带的天然林中。

【性味归经】甘、苦、涩，平，有毒。入肺、肾经。

【主要功效】敛肺定喘，止带缩尿。用于痰多喘咳，带下白浊，遗尿尿频，遗精。

【食用价值】白果富含多种营养物质，如蛋白质、氨基酸、核黄素、黄酮及多种维生素和微量元素等。食用白果对心血管疾病和神经系统疾病具有益处。

【药用举例】

1. 治梦遗：白果 3 粒。酒煮食，连食 4 ～ 5 日。

2. 治疗咳喘气急、痰多色黄：炒白果 9g，蜜麻黄 9g，蜜桑白皮 9g，酒黄芩 4.5g，炒紫苏子 6g，蜜款冬花 9g，焯苦杏仁 4.5g，法半夏 9g，甘草 3g。水煎服。

【药膳举例】

1. 白果猪肺汤：白果仁 6 ～ 10 粒，杏仁 5 粒，罗汉果半个，陈皮 6g，白萝卜 30g，猪肺 250g。将上药同放入煲，武火煮沸后，加入猪肺，改文火煮 2 ～ 3 小时后，加适量调料，食肉喝汤，适用于咳嗽气喘痰多。

2. 白果蜗牛末：陈白果5粒，蜗牛（焙干）3个。研末冲服。适用于小便频数、遗尿等症。

【使用注意】生食有毒。服用过量中毒，可出现发烧、呕吐、腹泻、惊厥、抽搐、肢体强直、皮肤青紫、瞳孔散大、脉弱而乱，甚者昏迷不醒。有实邪者忌服。

25 白梨

【来源】为蔷薇科植物白梨 *Pyrus bretschneideri* Rehd. 的果实。8～9月果熟时采收。鲜用或切片晒干。

【生长特征】适宜生长在干旱寒冷的地区或山坡阳处，耐寒、耐旱、耐涝、耐盐碱。

【性味归经】甘、微酸，凉。入肺、胃经。

【主要功效】养阴生津，滋润肺胃，清热化痰。主治肺阴亏虚，干咳少痰，咽干口燥，声音嘶哑，胃阴亏虚，烦渴欲饮，消谷善饥，形体消瘦，大便干结等。

【食用价值】梨果实供鲜食，肉脆多汁，酸甜可口，风味芳香优美，富含糖、蛋白质、脂肪、碳水化合物及多种维生素，对人体健康有重要作用。具有生津止咳、润肺宽肠、强心利尿的功效，除生食外，梨果还可以加工制作成梨干、梨脯、梨膏、梨汁、梨罐头等，也可用来酿酒、制醋。

【药用举例】

1. 感冒、咳嗽、急性支气管炎：生梨1个，洗净连皮切碎，加冰糖蒸熟吃。或将梨去顶挖核，放入川贝母3g，冰糖10g，置碗内文火炖之，待梨炖熟，喝汤吃梨，连服2～3天，疗效尤佳。

2. 慢性气管炎、干咳少痰、口干舌红、便秘：生梨1个，蜂蜜或冰糖放入梨内，蒸熟吃梨喝汤，每日1次，连吃5天为1个疗程。或梨去核削皮，放入杏仁10g，冰糖30g蒸熟吃。可止咳化痰，清热生津。

【药膳举例】

1. 白梨汁：准备白梨1个，罗汉果1个。将白梨切片、罗汉果掰碎一同放入榨汁机里，再放入适量的清水榨成汁。具有生津、润燥、清热、化痰、利咽之功效，适用于热病伤津烦渴、消渴症、热咳、痰热惊狂、口渴失音、眼赤肿痛、消化不良等人群。

2. 白梨膏：梨2000g，切碎捣烂，绞汁（或煎取汁液），小火熬至浓稠，加等量蜂蜜，混匀并熬开，待冷即成。每次食1～2汤匙，温开水冲服。适用于消渴喜饮或阴虚火炽、津液耗损、口渴心烦、咽痛喉干、失音或肺燥咳嗽人群。

3. 梨子粥：准备生梨1个，大米50g。将生梨水煎取汁，加入大米煮成粥。有健脾开胃、止咳、补中益气之功效，适用于小儿风热咳嗽、食欲不振等人群。

【使用注意】梨性寒凉，易伤中焦，故不宜多食。脾胃虚寒而致的大便稀薄和外感风寒而致的咳嗽痰白者忌用。

26 汁耳根

【别名】折耳根。

【来源】三白草科植物蕺菜 *Houttuynia cordata* Thunb. 的根茎。全年可采挖，除去杂质，洗净，鲜用或干燥后备用。

【生长特征】生于山地、沟边、塘边、川埂或林下湿地。

【性味归经】辛，微寒。归肺、膀胱经。

【主要功效】清热解毒，消痈排脓，利尿通淋。用于肺痈吐脓，痰热咳喘，热痢，热淋，痈肿疮毒。

【食用价值】含有丰富的蛋白质、氨基酸、脂肪、维生素、多糖、烟酸、黄酮类、有机酸和钙、磷、锰、锌等元素，还含有多种抗癌因子，能提高人体内巨噬细胞吞噬能力，增强人体免疫力，被誉为“天然的抗生素”，有预防慢性咽炎、气管炎等作用。凉拌佐餐能增进食欲、改善消化功能。

【药用举例】

1. 治肺痈吐脓吐血：汁耳根、天花粉、侧柏叶各 15g。煎汤服之。

2. 治热淋、白浊、白带：汁耳根 24g。水煎服。

【药膳举例】

1. 凉拌汁耳根：新鲜汁耳根 250g，香菜少许，酱油 25g，辣椒油 50g，香油 5g，糖 5g，花椒油 5g，鸡精少量，醋 5g，蒜泥 5g，盐少量。将新鲜汁耳根摘去老根，用清水洗净，放于冷水中浸泡 10 分钟，沥干，捞出控干水分，切成小段，用食盐腌一下，再用清水淘洗干净。加入酱油、辣椒油、香油、糖、花椒油、鸡精、醋、蒜泥以及香菜搅拌均匀，腌制几分钟入味，即可食用。适用于流行性感冒患者，以及经常便秘、脾胃湿热、脘腹胀满、恶心呕吐、不思饮食者。

2. 汁耳根汤：新鲜汁耳根250g，猪油、葱、姜、盐、醋、鸡精少许。将汁耳根的根须择去，放水里清洗干净，把洗好的汁耳根切成4cm长的小段。取一口炒锅，放入一匙猪油化开。油温加热后放入汁耳根翻炒几下。加入一大碗水煮沸。切一些葱段、姜丝放入汤中同煮。待汁耳根煮熟后放入适量的盐、醋、鸡精调味。关火，撒上葱花，即可。适合咳嗽及有肺热的人群食用。

【使用注意】虚寒证及阴性外疡忌服。

27 龙船乌泡

【别名】龙船泡、划船泡、八月泡。

【来源】为蔷薇科植物炮烙莓 *Rubus Sieboldi* Blume 的成熟果实。

【生长特征】温暖山坡地、路旁及山脚等处。

【性味归经】甘、涩，凉。归脾经。

【主要功效】清热，止痛，止血，活血，祛风湿。主治感冒发热，痢疾，热淋，口疮，劳伤吐血，跌打肿痛，牙痛。

【食用价值】龙船乌泡果实含有丰富微量元素铁和一些矿物质磷、水杨酸，是一种味道鲜美、营养价值极高的健康水果。

【药用举例】

1. 治淋病：龙船乌泡 15g，海金沙 30g，过山龙、杉树子各 15g。水煎，冲酒服。

2. 治小儿口糜：龙船乌泡，马桑果捣汁，调清水涂口。

3. 治跌打损伤、刀伤：龙船乌泡，研末，酒调敷；或鲜品捣敷。

【药膳举例】

1. 龙船乌泡煎：准备龙船乌泡 50g，将龙船乌泡与适量水同煎，取汁服用。有调经止带、清热解毒、活血止痛、止汗、止咳、止痢之功效。适用于倒经、咳嗽痰喘、盗汗、脱肛、红白痢等人群。

2. 龙船乌泡酒：准备龙船乌泡根 250g，高度白酒 1000g。将龙船乌泡根洗净后沥干水放入高度白酒中浸泡 1～2 个月后服用，每次服用 50mL，每日 2 次。有舒筋止痛、活血化瘀之功效，适用于筋骨痹痛、跌打损伤等人群。

【使用注意】脾胃虚寒者不宜多食。

28 冬葵

【别名】冬苋菜、冬寒菜、滑滑菜。

【来源】锦葵科植物冬葵 *Malva verticillata* L.var. *crispa* Linnaeus 的嫩苗或叶。夏、秋季采收，鲜用。

【生长特征】生于平原、山野等处。喜冷凉湿润的气候，不耐高温，抗寒力强，耐热力弱。

【性味归经】甘，寒。归脾、膀胱经。

【主要功效】清热，行水，滑肠。治肺热咳嗽，热毒下痢，黄疸，二便不通，丹毒，金疮。

【食用价值】冬葵以幼苗或嫩叶供食用，该部位营养丰富，含有维生素 C、蛋白质、胡萝卜素、核黄素、烟酸、铁、钙、磷等成分，可炒食或做汤，柔滑清香，味道鲜美。

【药用举例】

1. 治黄疸：冬葵叶 15g，天胡荽 30g，紫花地丁 15g，车前草 10g。水煎服。

2. 治咽喉肿痛：冬葵叶 30g。阴干，煎水含漱。

【药膳举例】

1. 冬葵粳米粥：冬葵 250g，粳米 50g。冬葵切碎加粳米煮稀粥服用。适用于小便短少，大便秘结等症。

2. 冬葵肉汤：冬葵 60g，天胡荽 90g，紫花地丁 60g，车前草 30g，瘦猪肉 90g。共炖，去药渣。食肉喝汤，顿服。适用于黄疸病人。

3. 冬葵猪血羹：冬葵120g，猪血200g，食盐、猪油各少许。将冬葵洗净，猪血切成块状。锅内加水放入猪血煮沸，然后放入冬葵、猪油、食盐，再煮沸即成。适用于便秘人群。

【使用注意】脾虚泄泻者忌服，孕妇慎服。

29 冬瓜

【别名】白瓜、白冬瓜、东瓜、毛瓜。

【来源】葫芦科植物冬瓜 *Benincasa hispida*（Thunb.）Cogn. 的果实。夏末、秋初，果实成熟时采摘。

【生长特征】喜温暖气候。耐热，怕涝，忌低温。

【性味归经】甘、淡，凉。归肺、小肠经。

【主要功效】利水消肿，清热解毒。治水肿，胀满，脚气，淋证，痰吼，咳喘，暑热烦闷，消渴，泻痢，痈肿，痔漏；并解鱼毒、酒毒。

【食用价值】冬瓜含有丰富的蛋白质、碳水化合物、维生素以及矿质元素等营养成分。冬瓜营养丰富，还含有多种生理活性成分，实用价值高。冬瓜是典型的高钾低钠蔬菜，对肾炎水肿者有消肿作用，也是糖尿病及高血压患者的理想佳蔬。

【药用举例】

1. 治热毒、痱子：用冬瓜切片涂擦。

2. 治水肿，小便少：用冬瓜瓤 60g 煎水服。

【药膳举例】

1. 冬瓜排骨汤：冬瓜 500g，排骨 250g，生姜、精盐、味精、葱适量。将排骨放入锅中，加清水 1000mL 煮沸后去浮沫，加入生姜片炖 2 小时后再加入冬瓜再炖 1 小时，放入盐、味精、葱调味，食用。有强健筋骨、利水消肿的作用，适用于幼儿、老人、孕妇、肾病人群、水肿人群。

2. 冬瓜赤小豆粥：冬瓜肉 120g，赤小豆 120g。冬瓜切小块，赤小豆洗净加水煮粥，粥半熟时加入冬瓜，煮至粥稠。适用于四肢水肿、小便不利等症。

3. 冬瓜薏苡仁汤：冬瓜 500g，薏苡仁 50g，盐 5g，味精 3g，鸡油 25g。将冬瓜去皮，洗净，切成 4cm 长、2cm 宽的块。薏苡仁淘洗干净，浸泡一夜。将冬瓜、薏苡仁放入炖锅中加水适量。炖锅置武火上烧开后用文火炖煮 45 分钟，加入盐、味精、鸡油即成。具有清热解毒、除湿利尿、减肥的功效，适用于患有慢性胃炎、肾炎、肥胖、小便不利、中暑高烧等病症的人群。

【使用注意】脾胃虚寒者不宜过食。

30 石榴

【别名】天浆、甘石榴。

【来源】石榴科植物石榴 *Punica granatum* L. 的果实。9 ～ 10 月果熟时采收，鲜用。

【生长特征】生于向阳山坡或栽培于庭园等处。

【性味归经】甘、酸、涩，温。归胃、大肠经。

【主要功效】生津止渴，杀虫。治咽燥口渴，虫积，久痢。

【食用价值】石榴果实富含碳水化合物、蛋白质、多种氨基酸和钾、钙、镁、钠等元素，还含有铜、铁、锌等微量元素和多种维生素，石榴汁含有丰富的抗氧化剂，具有抗癌和抗动脉粥样硬化的保健功效。

【药用举例】

1. 治咽燥口渴：鲜石榴果 1 ～ 2 个，取其肉（带肉的种子）捣碎，以开水浸泡过滤，凉冷后，一日含服数次。

2. 治牛皮癣：石榴皮适量，炒炭，研成细末，加入麻油（药粉:麻油 =1 : 2）调成糊状，用时将药油摇匀，用棉签蘸药涂患处，每日 2 次。

【药膳举例】

1. 石榴漱口液：石榴籽 15g，石榴花 6g，石榴叶 6g。石榴籽打碎，连花、叶一块共用开水 500mL 浸泡 10 分钟后，过滤放冷，每日多次含漱。适用于口舌生疮及口腔溃疡。

2. 石榴汁：石榴粒 250g。新鲜石榴剥皮取粒，绞汁坚持每日饮用石榴汁 20～30mL。适用于高血脂、血管硬化等人群，可美容养颜，延缓衰老。

3. 石榴皮蜜膏：鲜（干）石榴皮洗净加水适量煎煮 2 次，每次 30 分钟，合并 2 次煎液。浓缩至较稠时，加入蜂蜜，煮沸停火，待冷，装瓶备用。用时可用开水化饮，每日 2 次，每次 1 匙。适用于消化不良的泄泻和肠炎腹痛等症。

【使用注意】不宜过量服用，多食损肺伤齿、助火生痰。

31 丝瓜

【别名】天丝瓜、绵瓜、吊瓜、天罗瓜。

【来源】葫芦科植物丝瓜 *Luffa cylindrica*（L.）Roem. 的鲜嫩果实，或霜后干枯的老熟果实（天骷髅）。嫩丝瓜于夏、秋间采摘，老丝瓜（天骷髅）须于秋后采收。

【生长特征】喜温暖气候，耐高温、高湿，忌低温。

【性味归经】甘，凉。归肺、肝、胃经。

【主要功效】清热化痰，凉血解毒。治热病身热烦渴，痰喘咳嗽，肠风痔漏，崩带，血淋，疔疮，乳汁不通，痈肿。

【食用价值】含蛋白质、脂肪、碳水化合物、钙、磷、铁及维生素 B_1、维生素 C，还有皂苷、植物黏液、木糖胶等。丝瓜中含维生素 C 较高。含有的维生素 B_1 对小儿大脑发育及中老年人保持大脑健康有好处。

【药用举例】

1. 治痈疽不敛，疮口很深：鲜丝瓜适量捣汁频频涂搽。

2. 治急性喉炎、喉痛声哑：经霜丝瓜 1 条，切碎，泡开水服。

3. 治急性腮腺炎：霜后丝瓜数条，猪胆 3 个。丝瓜烧灰存性，猪胆刺破取汁，调入丝瓜灰中拌匀，涂于患处，干则换之，以肿消为度。

【药膳举例】

1. 丝瓜瘦肉汤：鲜嫩丝瓜 250g，瘦肉 100g，食盐、味精适量。丝瓜切片，瘦肉剁成末，加适量水共煮汤，煮熟后加食盐、味精调味，食用。有清热利肠、解暑除烦之功，适用于夏季暑热烦渴、初期内痔大便出血等人群。

2. 丝瓜粥：鲜丝瓜 1 条，粳米 50g，白糖少许。将鲜丝瓜去皮和瓤，粳米淘洗干净，备用。将粳米放入锅内，丝瓜切成长 2cm，厚 1cm 的块后再放入锅内，加水适量，置武火烧沸后，用文火煮熟成粥，加入白糖即成。具有清热解毒、凉血通络的功效，适用于疮疡疽痈热盛未溃、已溃而毒热未清等症。

【使用注意】食用时要焯水。丝瓜性凉，脾胃虚寒及腹泻者慎吃丝瓜。

32 田螺

【别名】黄螺、田中螺、田蠃。

【来源】田螺科动物中华圆田螺 *Cipangopaludina chinensis* (Gray) 的肉质足。夏、秋季节捕取。

【生长特征】田螺一般长在水塘里，对水体水质要求较高。

【性味归经】甘、咸，大寒，无毒。归肝，脾，膀胱经。

【主要功效】清热利水、除湿解毒。用于热结小便不通、黄疸、脚气、水肿、消渴、痔疮、便血、目赤肿痛、疔疮肿毒。

【食用价值】田螺肉营养丰富，富含蛋白质，脂肪，碳水化物，钙、磷、铁等元素，硫胺素，核黄素，烟酸，维生素 A，维生素 B_1，维生素 B_2，维生素 D 以及人体必需的八种氨基酸。具有清热明目、利尿通淋、解酒、镇静安神、提高机体免疫力的功效，对目赤、黄疸、脚气、痔疮、狐臭等疾病有食疗作用。

【药用举例】

1. 治黄疸：田螺肉 100g，茵陈 12g，溪黄草 30g，田基黄 30g。水煎服，每日 1 ～ 2 剂。

2. 治菌痢：田螺 500g。挑出螺肉，晒干，炒焦，水煎服，每次 10g，每日 3 次。

3. 治慢性肾炎：田螺 10 个，苦荞麦粉 5g。田螺去壳取肉，捣烂，加苦荞麦粉捣匀，敷脐部，每日 1 换，10 日为 1 个疗程，间隔 3 日，再做下一个疗程。

【药膳举例】

1. 金菇田螺汤：金针菇50g，田螺肉250g，豆腐300g，香葱2棵，胡椒粉1小匙，精盐1小匙。金针菇切除根部后洗净，先用盐水汆烫，然后捞出；豆腐切成条状，香葱洗净切段，锅内加水烧开，放入田螺肉和豆腐同煮，加入金针菇、精盐，煮开后放入香葱，最后撒上胡椒粉即可食用。适宜黄疸、水肿、小便不通、痔疮便血、脚气、消渴、风热目赤肿痛、醉酒、糖尿病、癌症、干燥综合征、肥胖症、高脂血症、冠心病、动脉硬化、脂肪肝者食用，具有活血凉血、益智健脑、壮筋骨和壮阳的功效。

2. 田螺粥：田螺肉120g，用水略煮后捞起，去壳取肉；糯米100g，用煮田螺的水煮稀粥，待米煮透心后，放入田螺肉一同煮熟食，可加猪脂、食盐少许调味。具有清热止渴、利尿通淋的功效，对消渴饮水、小便数多的人有益。

【使用注意】脾胃虚寒，便溏腹泻之人忌食，风寒感冒期间忌食，女子行经期间及妇人产后忌食，素有胃寒病者忌食。

33 地耳

【别名】葛仙米、地木耳、地软、鼻涕肉、天仙菜。

【来源】念珠藻科植物念珠藻 *Nostoc commune* Vauch. 全植物入药。夏秋雨后采收，洗净，去杂质，鲜用或晒干。

【生长特征】生于潮湿土壤、荒地。

【性味归经】淡，寒。归肝经。

【主要功效】清热明目，益气收敛。主治目赤红肿，夜盲症，烫火伤，久痢，脱肛。

【食用价值】含肌红蛋白、β－胡萝卜素、海胆烯酮、鸡油菌黄质、磷脂、甾醇及葡萄糖苷、香树脂醇类、蛋白质、铁、钙和维生素 C 等。

【药用举例】

1. 治夜盲症：地耳 60g，煎水服。

2. 治烫火伤：地耳 15g，焙干研粉，菜油调敷患处，或加白糖 9g，香油调敷患处。

【药膳举例】

1. 酸辣椒炒地耳：酸辣椒 20g，新鲜地耳 250g，调料适量。将新鲜地耳清洗干净待用，酸辣椒切碎，锅内放入适量食用油，油烧至七成热时放入地耳和酸辣椒，炒熟后加上少许盐即可出锅。有益气养颜之功效，适用于疲倦乏力、气短懒言、食欲不佳等人群。

2. 凉拌地耳：新鲜地耳 250g，葱花适量，调料少许。将地耳洗净，入沸水锅内焯一下，捞出沥水，装盘，加入精盐、酱油、葱花等调料，再淋上麻油拌匀即可。有清热明目之效，适用于视物模糊、口干舌燥等人群。

3. 地耳炒韭菜：地耳 100g，韭菜 25g，调料适量。将地耳、韭菜洗净，沥干水，锅烧热放入适量油，至油热投入地耳煸炒，加适量精盐，入味出锅待用。韭菜（切段）入锅煸炒，加盐入味，再倒入地耳翻炒少许后即可出锅。有补肾益气之效，适用于气短懒言、腰膝酸软、夜尿多等人群。

【使用注意】不宜多食，食用时宜焯水。

34 羊奶子

【别名】羊奶奶、胡颓子、雀儿酥。

【来源】为胡颓子科胡颓子 *Elaeagnus pungens* Thunb. 的果实，立夏果实成熟时采果。鲜用或晒干。

【生长特征】生于海拔 1000m 以下的向阳山坡或路旁，适应性较强，耐寒。

【性味归经】甘、酸，平。归肺、脾、大肠经。

【主要功效】收敛止泻，健脾消食，止咳平喘，止血。主泄泻，痢疾，食欲不振，消化不良，咳嗽气喘，崩漏，痔疮下血。

【食用价值】胡颓子果实营养丰富，富含人体必需的八种氨基酸和其他种类氨基酸，锌、锰、铜、铁等微量元素以及丰富的维生素，有降血糖、降血脂、抗脂质氧化、抗炎镇痛等作用，具有较高的营养价值和保健作用，能提高人体免疫力。同时该品味道酸甜可口，除鲜食外，还可以加工成果酱、果酒、果汁、罐头和蜜饯等，经济价值高，极有开发利用的前景。

【药用举例】

1. 治咳嗽哮喘：羊奶子适量，炒枯研末，加米粉等量拌匀，每次 9g，每日 2 次，酌加蜂蜜或白糖，用开水冲服。

2. 腹泻、不思饮食：羊奶子 15g，水煎服，每日 2 次。

【药膳举例】

1. 羊奶子山药汁：生羊奶子 250g，山药 250g，杏仁 9g。将杏仁研细，入羊奶子、山药，拌绞取汁，煮沸，待凉后用新瓷瓶密封，每日空腹服用 10mL，也可用 3 ～ 5mL 白酒调服，连服 10 日。适用于腰膝疼痛、手足关节疼痛、乏力等症。

2. 羊奶子红糖水：羊奶子 15g，独头蒜 1 个，红糖 15g。羊奶子洗净，独头蒜剥皮共捣烂，兑 150mL 红糖开水冲服。适用于水样泄泻、腹痛、痢疾等症。

【使用注意】孕妇忌服。

35 西瓜

【别名】寒瓜、夏瓜。

【来源】葫芦科植物西瓜 *Citrullus lanatus*（Thunb.）Matsum. et Nakai 的果瓤。夏季采收。

【生长特征】喜温暖较燥的气候，耐热，怕低温，耐旱，喜光。对土壤适应性较广，宜选河岸冲积土和耕作层深厚的砂质壤土栽培。

【性味归经】甘，寒。归心、胃、膀胱经。

【主要功效】清热解暑，除烦止渴，利小便。治暑热烦渴，热盛津伤，小便不利，喉痹，口疮。

【食用价值】西瓜作为消暑解渴的最佳水果，老幼皆宜。西瓜瓜瓤部分的 94% 是水分，可以帮助排除体内多余的水分，使肾脏功能维持正常的运作，消除浮肿现象；还含有糖、维生素、多种氨基酸以及少量的无机盐，这些物质最能在高温时节有效地补充人体所需的水分和营养。

【药用举例】

1. 治阳明热甚，舌燥烦渴：红瓤西瓜剖开，取汁 200～300mL，徐徐饮之。

2. 治中暑，小便不利：西瓜适量，莲子心 3g。西瓜绞汁 300mL，莲子心加水煎汤，用西瓜汁冲莲子心汤服用。

【药膳举例】

1. 西瓜汁：西瓜适量，榨汁饮用，适用于烦渴、暑热、水肿者。

2. 西瓜翠皮炒肉丝：西瓜皮适量，切成丝。素油烧热，放入肉丝150g，略炒后盛出，在油锅中放入姜丝、西瓜皮丝翻炒数下，倒入肉丝，用盐、糖、醋、麻油调味，再翻炒数下即成。适用于原发性高血压及癌症患者夏季清凉解暑。

【使用注意】糖尿病患者及中寒湿盛者忌服。

36 地蚕

【别名】地笋、土虫草、白冬虫草、白虫草。

【来源】唇形科植物地蚕 *Stachya geobombycis* C. Y. Wu 的块茎。秋季采，洗净鲜用或蒸熟晒干。

【生长特征】生于荒地、田地及草丛湿地。

【性味归经】甘，平。归肺、肝、脾经。

【主要功效】益肾润肺，补血消疳。主治肺痨咳嗽吐血，盗汗，肺虚气喘，血虚体弱，小儿疳积。

【食用价值】研究表明，地蚕的营养成分比较全面，有多糖、粗蛋白、粗脂肪、维生素、氨基酸、软脂酸、硬脂酸、亚麻酸、矿物质元素、咖啡酸类衍生物、黄酮类等。还含有 19 种氨基酸，其中人体必需氨基酸有 6 种，氨基酸总含量为 2.72%，以谷氨酸含量最高（0.113g/100g）。谷氨酸在生物体内的蛋白质代谢过程中占重要地位，具有双重身份：一方面是作为酸性氨基酸参与蛋白质、多肽及脂肪酸的合成，与谷氨酰胺一起调节体内氨水平；另一方面是作为兴奋性神经递质参与信息传递，当其含量降低时，可影响脑组织代谢，进而影响其生理机能。

【药用举例】

1. 治虚劳久咳：地蚕、冰糖各 30g。水煎服，每日 1 剂。

2. 治肺结核：地蚕、小蓟各 30g。水煎服，3 日 1 剂。

【药膳举例】

1. 地蚕糖水：地蚕 50g，白糖 30g。两者共加水 500mL 后煎至300mL，煎好后早起空腹服用效果最好。适用于痨咳、盗汗等症。

2. 地蚕酒：地蚕（干品）200g，白酒1000g。干地蚕放在1000g白酒中浸泡，密封泡制15天以后取出直接饮用，每日1次，每次20～30g。适用于类风湿性关节炎和关节酸痛。

37 红姑娘

【别名】酢浆、灯笼草、天泡草、金灯笼、锦灯笼。

【来源】茄科植物酸浆 *Physalis alkekengi* L. 的全草。夏、秋季采收，鲜用或晒干。

【生长特征】生于空旷地或山坡。喜温暖、潮湿气候，但能耐寒。

【性味归经】酸、苦，寒。归肺、脾经。

【主要功效】清热毒，利咽喉，通利二便。主治咽喉肿痛，肺热咳嗽，黄疸，痢疾，水肿，小便淋涩，大便不通，黄水疮，湿疹，丹毒。

【食用价值】酸浆以果实供食用，是营养较丰富的食物，可生食、糖渍、醋渍或做果浆。果实香味浓郁，味鲜美。浆果富含维生素 C、β－胡萝卜素、20 多种矿质元素和 18 种人体需要的氨基酸，对治疗再生障碍性贫血有一定疗效。果实有清热利尿功效，外敷可消炎，全株可配制杀虫剂。

【药用举例】

1. 治黄疸，利小便：红姑娘、茅草根、五谷根各 15g。煎水服。

2. 治水肿，小便不利：红姑娘 12g，车前草 15g，西瓜皮 24g。水煎服。

【药膳举例】

1. 红姑娘茶：红姑娘 20g 煮水代茶饮。适用于预防心脑血管疾病，降低血压。

2. 红姑娘萝卜汁：新鲜红姑娘、萝卜各 30g，青橄榄 6 枚。共捣汁，代茶频服。适用于咽喉肿痛、牙龈肿痛、肺热咳嗽。

【使用注意】孕妇及脾虚泄泻者禁服。

38 向日葵茎髓

【别名】向日葵梗心、向日葵茎心、向日葵瓤。

【来源】菊科植物向日葵 *Helianthus annuus* L. 的茎髓。秋季采收，鲜用或晒干。

【生长特征】耐受高温和低温，对土壤要求较低，具有较强的耐盐碱能力，还兼有吸盐性能。

【性味归经】甘，平。归膀胱经。

【主要功效】清热，利尿，止咳。用于淋浊，白带，乳糜尿，百日咳，风疹。

【食用价值】向日葵茎髓含有丰富的多糖和钙、铁、铜、锌、锰、镁、钠、钾等多种元素，具有增强人体免疫力、抗衰老、抗氧化性、促进机体代谢等保健作用。

【药用举例】

1. 治小便淋痛：向日葵茎髓 30g，车前草、灯心草各 15g，淡竹叶 9g。煎服。

2. 治尿闭（非梗阻性）：向日葵茎髓 15g，麦秆 30g。煎服。

3. 治白带：向日葵茎髓 20g，水煎服。或向日葵焙焦研末，每日 2～3 次，每次 3～5g，用白糖开水冲服。

4. 治乳糜尿：向日葵茎髓 30g，水芹菜根 60g。水煎服，每日 1 次，连服 5～7 天。

5. 治月经淋沥不尽：向日葵茎髓 30g，月月红 10g，红糖水 100mL。向日葵茎髓泡入红糖水 1 小时，加入月月红，加适量水煎服，每日 1 剂。

【药膳举例】

1. 向日葵茎髓猪肉汤：猪瘦肉 100g，向日葵茎髓 30g，姜片少许。把猪瘦肉洗净后，切成碎粒，加入向日葵茎髓、姜，用水炖半小时后加入适量的食盐即可。适用于体质虚弱的人群。

2. 向日葵茎髓小米粥：向日葵茎髓 150g，小米 50g。向日葵茎髓切碎加小米煮稀粥服用。适用于小便短少等症。

39 竹笋

【别名】茅竹笋、毛笋。

【来源】禾本科植物毛竹 *Phyllostachys edulis*（Carriere）J. Houzeau 的苗。4 月采挖，鲜用。

【生长特征】气候温暖、土壤深厚肥沃和排水良好的环境。

【性味归经】甘，寒。归肺、胃、大肠经。

【主要功效】清热化痰，消胀，利水，透疹。主治肺热咳嗽，食积腹胀，水肿，小便不利，痘疹不出。

【食用价值】竹笋是低糖低脂肪高纤维食物，含蛋白质、氨基酸、脂肪、糖类、钙、磷、铁、胡萝卜素和维生素 B_1、维生素 B_2、维生素 C 等成分，具有开胃健脾、通肠排便、美容护肤等功效。它含的粗纤维较多，有促进肠道蠕动、帮助消化、解便秘之效，所以又被称为“刮油菜”，是一种有效的减肥保健佳蔬。

【药用举例】

1. 治痰热咳嗽：竹笋 60g，水煎服。

2. 治小儿痘疹不出：竹笋 30 ～ 60g，水煎服。

3. 治膀胱结石：竹笋（去皮壳）120g，车前草 120g，水煎服，每次 250mL，每日 3 ～ 4 次。

【药膳举例】

1. 竹笋鲫鱼汤：嫩竹笋 30g，鲫鱼 1 条，同时下锅加清水炖汤令小儿饮服，适用于小儿麻疹出不透。

2. 竹笋肉丝：竹笋 250g，猪肉 200g，竹笋、猪肉切丝，同炒食。适用于便秘。

3. 凉拌竹笋：新鲜竹笋60g，煮熟切片，用生姜粒、香油、醋、精盐拌食。适用于热痰咳嗽、胸膈不利人群的辅助治疗。

【使用注意】脾胃虚弱者慎服。

40 竹虫

【别名】竹蜂、竹蜜蜂、竹筒蜂。

【来源】蜜蜂科动物竹蜂 *Xylocopa dissimilis*（Lep.）的全虫。秋、冬季蜂群居竹内时捕捉，处死晒干，或用盐水腌浸贮存。

【生长特征】钻穴营巢于竹木的茎秆中。

【性味归经】甘、酸，寒。归胃、大肠经。

【主要功效】清热化痰，定惊。治小儿惊风，口疮，咽痛。

【食用价值】竹虫含有丰富的蛋白质，并且含有人体所需的10多种氨基酸。蛋白质含量高达40%左右，还含有维生素、矿物质、脂肪酸和一些微量元素，具有很高的营养价值。可以改善神经系统的活性并预防神经衰弱，还可以扩张血管，促进血液循环，并且对改善人体健康、提高脑记忆和调节睡眠均有一定帮助。

【药用举例】

1. 治小儿惊风，发热：竹虫3只，火上稍烤煎水服，或研末，分2次冲服。

2. 治喉炎，单双蛾：炒竹虫5只，六月雪根、岗梅根各9g。水煎服。

【药膳举例】

1. 竹虫瘦肉汤：竹虫若干只，瘦肉250g，姜、葱、蒜、食盐少许。各物分别洗净。猪瘦肉切小块状，与竹虫、姜、葱、蒜一起下炖盅，加冷水约1000mL，加盖隔水炖2个小时后加入少量食盐即可。适合于体质虚弱、失眠等人群。

2. 油炸竹虫：竹虫适量，植物油、精盐、辣椒粉适量。锅中放入植物油，加热至六成热，放入竹虫炸至金黄色捞出，撒上盐及辣椒粉食用。适用于虚热痰多的人群。

【使用注意】虚寒无火者禁用。

41 百合

【别名】野百合、喇叭筒、山百合、药百合。

【来源】百合科植物卷丹 *Lilium lancifolium* Thunb.、百合 *Lilium brownii* F.E.Brown var. *viridulum* Baker 或细叶百合 *Lilium pumilum* DC. 的肉质鳞叶。秋季采挖，洗净，剥取鳞叶，鲜用或置沸水中略烫，干燥。

【生长特征】生于海拔 900m 以下的山坡草丛、石缝中或村舍附近。

【性味归经】甘，寒。归心、肺经。

【主要功效】养阴润肺，清心安神。用于阴虚久咳，痰中带血，虚烦惊悸，失眠多梦，精神恍惚。

【食用价值】百合具有鲜明的营养特性，其中含有多种营养物质，不仅包含丰富的蛋白质、脂肪、碳水化合物，还包含钙、铁、镁、锌、硒等多种元素和丰富的维生素 B_1、维生素 B_2、维生素 B_6 以及维生素 C 等，对人体具有极高的营养价值。同时，还含有一些特殊的活性成分，如秋水仙碱、百合苷等，对人体具有很好的保健功效。

【药用举例】

1. 治神经衰弱，心烦失眠：百合 15g，酸枣仁 15g，远志 9g。水煎服。

2. 治梦多失眠，心神不宁：百合 50g，知母 10g。水煎服，每日 2 次。

3. 治癔病：百合30g，鸡蛋黄1个。百合洗净煎取汁，加入蛋黄捣烂拌匀，加入冰糖适量调服。

【药膳举例】

1. 百合蒸蜂蜜：百合100g，蜂蜜50g，两者混合后放入容器中，隔水蒸，蒸至百合熟软，随时含服，慢慢吞咽。适用于干咳少痰。

2. 百合莲子粥：百合30g，莲子25g，糯米100g，冰糖适量，共煮粥食用。适用于心脾虚弱或心阴不足，心烦不眠的人群。

【使用注意】风寒咳嗽及中寒便溏者忌服。

42 芋头

【别名】水芋、芋艿、毛芋、羊角草。

【来源】天南星科植物芋 *Colocasia esculenta*（L）. Schott 的块茎。8～9 月间采挖，去净须根及地上部分，洗净，晒干。

【生长特征】宜温暖湿润气候，忌高温干旱，较耐阴，不耐涝。

【性味归经】甘、辛，平。归小肠、胃经。

【主要功效】健脾补虚，散结解毒。主脾胃虚弱，纳少乏力，消渴，瘰疬，腹中癖块，肿毒，赘疣，鸡眼，疥癣，烫火伤。

【食用价值】芋头含蛋白质、脂肪、维生素 B_1、维生素 B_2、淀粉及钙、磷、铁、锰、锌等物质，营养丰富，尤其含热量低，是糖尿病人、肥胖者的首选食品。同时，芋头还富含多量纤维素，能促进胃肠蠕动，预防便秘，更适合习惯性便秘者。另外，还有防治动脉硬化、冠心病作用，所以，亦是老人选择的极佳保健食品之一。芋头亦具抗癌作用。

【药用举例】

1. 治头上软疖：芋头适量捣敷。

2. 治牛皮癣：芋头、生大蒜适量，共捣烂，敷患处。

3. 治筋骨痛，无名肿毒，蛇头指，蛇虫伤：芋头磨麻油搽，未破者用醋磨涂患处。

【药膳举例】

1. 蒸芋头：鲜芋头 200g，去皮切小块蒸食。适用于美容养颜，乌黑头发，预防龋齿。

2. 芋头粳米粥：芋头100g，研末，或鲜芋头200g，粳米100g，鲜芋头切小块，同粳米煮粥食。适用于小儿消瘦、颈部淋巴结肿大。

3. 芋头鲫鱼汤：鲜芋头250g，鲫鱼500g，加水同煮至烂熟，放胡椒、猪油、食盐调味，食用。适用于脾胃虚弱、虚劳乏力的人群。

【使用注意】生食有毒。

43 杨梅

【别名】朱红、树梅、珠红、圣生梅、山杨梅。

【来源】为杨梅科植物杨梅 *Myrica rubra*（Lour.）Sieb.et Zucc. 的果实。夏季成熟时采，鲜用、干用或盐渍备用。

【生长特征】喜温暖湿润多云雾气候。不耐强光，不耐寒。

【性味归经】酸、甘，温。归脾、胃、肝经。

【主要功效】生津止渴、助消化。用于口干，食欲不振。

【食用价值】杨梅营养丰富，酸甜适口，其中含有丰富的维生素 C、维生素 B、柠檬酸、苹果酸、糖类、膳食纤维、碳水化合物和钙、磷、钾、锌、硒等有益物质，既可直接食用，又可加工成梅干、酱、蜜饯等，还可以制成杨梅酒。

【药用举例】

1. 治胃肠胀满、不欲饮食：杨梅腌食盐备用，越久越佳，用时取数颗泡开水服。

2. 治痢疾：杨梅 15g，水煎服。

【药膳举例】

1. 杨梅汁：准备杨梅适量。将杨梅清水洗净后去核仁，放入果汁机里打成果汁，加入适量的蜂蜜调味即可食用。有滋阴润燥、生津止渴之功效，适用于口干舌燥、五心潮热、食欲不振等人群。

2. 杨梅汤：准备杨梅、山楂、陈皮、甘草和冰糖适量。将杨梅、山楂、陈皮、甘草和冰糖原料放入锅内，加入适量清水煮开

3～5分钟后，再加入冰糖溶化后即可。有生津止渴、和胃消食之功效，适用于胃肿、消化不良、口渴欲饮等人群。

3. 杨梅泡酒：准备杨梅、高粱酒适量。将适量杨梅用高粱酒浸2周左右后捞出食用，每次食1～2枚，每日2次。有预防发痧之功效，适用于易发痧人群。

【使用注意】久食令人发热，损齿及筋，不可多食、久服，血热火旺者慎食。忌生葱同食。

44 苋菜

【别名】红苋菜、青香苋、三色苋、老少年、雁来红。

【来源】苋科植物苋 *Amaranthus tricolor* L. 的茎叶。春、夏采收。

【生长特征】易生长，喜温暖，耐旱，对土壤适应性较好，易于种植。

【性味归经】甘，微寒。归大肠、小肠经。

【主要功效】清热解毒，通利二便。用于痢疾，二便不通，蛇虫螫伤，疮毒。

【食用价值】苋菜中富含蛋白质、脂肪、糖类及多种维生素和矿物质，其所含蛋白质比牛奶更能被人体充分吸收，所含胡萝卜素比茄果类高，可为人体提供丰富的营养物质。常食苋菜可提高人体免疫力、促进儿童生长发育、加快骨折愈合、减肥排毒、防止便秘。

【药用举例】

1. 治产前后赤白痢：苋菜200g，粳米50g。先煎苋菜取汁，去滓，下米煮粥，空腹食之。

2. 治对口疮：苋菜、鲫鱼共捣烂，敷患处。

【药膳举例】

1. 清炒苋菜：将苋菜洗净后待用，锅内放少许食用油烧至七分热，放入苋菜翻炒熟后放入少许精盐，起锅即可食用，有补气生血、清热排毒、通利二便之效。可增强体质、促进排毒、防止便秘。

2. 苋菜皮蛋汤：鲜苋菜500g，皮蛋2个，苋菜洗净，大蒜去皮拍碎，皮蛋去壳切成块，备用。锅中放入适量植物油烧热，放入大蒜爆香，加入苋菜翻炒，加水500mL煮沸后放入皮蛋再煮8～10分钟，再加盐、香油、味精调味食用。有清热解毒、利水消肿之功，适用于热毒生疮、身体浮肿之人群。

【使用注意】脾虚便溏者慎服。恶蕨粉、鳖肉。痧胀滑泻者忌之。食用时要焯水，不宜久食、大量食用。

45 芥菜

【别名】芥、大芥、雪里蕻、皱叶芥、黄芥、野菜籽、小芥菜。

【来源】十字花科植物芥菜 *Brassica juncea*(L.)Czern. et Coss. 的嫩茎叶。5～10 月采收，鲜用或晒干。

【生长特征】喜冷凉湿润的环境。

【性味归经】辛，温。归肺、胃、大肠经。

【主要功效】利肺豁痰，温中利气，消肿散结。主治寒饮咳嗽，痰滞气逆，胸膈满闷，砂淋，石淋，牙龈肿烂，乳痈，痔肿，冻疮，漆疮。

【食用价值】芥菜营养丰富，含有丰富的维生素 A、维生素 B、维生素 C 和维生素 E，含有钾、钠、镁、钙、磷等元素，有提神醒脑、开胃消食、解除疲劳的作用。另外，芥菜组织较粗硬，含有胡萝卜素和大量食用纤维素，可以促进胃肠蠕动，具有防便秘的作用。

【药用举例】

1. 治痔疮肿痛：芥菜叶，捣饼，频坐之。

2. 治膀胱结石，小便不通：鲜芥菜 25g，切碎，水适量煎取 3 碗，分数次服。

【药膳举例】

1. 清炒芥菜：将采摘新鲜芥菜叶洗净后备用，辣椒切小段，锅内放入适量食用油烧成七成热，放入辣椒煸香，放入芥菜叶翻炒变色，加入适量食盐和少许生抽即可出锅，有宣肺豁痰、温中利气之功效。一般人群均可食用，尤适用于咳嗽痰滞、耳目失聪、牙龈肿烂、寒性腹痛、便秘等人群。

2. 芥菜粥：鲜芥菜或芥菜头（切片）适量，大米50g，同煮粥食用。适用于寒性咳嗽、痰多色白、胸闷气滞人群的辅助治疗。

【使用注意】凡疮疡、目疾、痔疮、便血及平素热盛者忌食，多食助火生痰，食用时宜焯水。

46 杜仲叶

【别名】思仙叶。

【来源】杜仲科植物杜仲 *Eucommia ulmoides* Oliv. 的叶。夏、秋二季枝叶茂盛时采收，晒干或低温烘干。

【生长特征】生于海拔 300 ～ 500m 的低山、谷地或疏林中。

【性味归经】微辛，温。归肝、肾经。

【主要功效】补肝肾、强筋骨、降血压。主治肝肾不足，头晕目眩，腰背疼痛，腰膝酸软，高血压病。

【食用价值】杜仲叶中含有丰富的营养物质，包括粗蛋白，多糖，亚油酸，维生素 B_1，维生素 E，β－胡萝卜素，环烯醚萜类，木脂素类，黄酮类，苯丙素类，杜仲胶，锗、硒等 15 种微量元素，以及 15 种游离氨基酸。具有降血压、降血脂、降血糖、抗炎、抗病毒、抗疲劳、抗衰老、促进骨折愈合、提高免疫力等多种保健作用，可制成茶、饮料、酒、醋等保健食品。

【药用举例】

1. 治跌打筋断：杜仲叶 100g，蚯蚓 10 条。洗净捣烂，外敷伤处，每日换药 1 次。

2. 治轻度高血压：杜仲叶 10g，桑叶 10g，绞股蓝 10g。水煎服。

【药膳举例】

杜仲叶茶：取杜仲叶适量，85℃左右热水冲泡当茶饮，有养心安神、通便利尿、养颜瘦身、降三高等功效，一般人均可饮用，特别适用高血压、高血脂、高血糖、心脑血管疾病人群以及失眠多梦、体弱多病、免疫力低下等人群。

【使用注意】不可大剂量长期服用。低血糖或血压低、偏瘦的人不建议食用。

47 杏子

【别名】杏、杏实、甜梅。

【来源】蔷薇科植物杏 *Armeniaca vulgaris* Lam. 的果实。6～7 月果实成熟时采收，鲜用或晒干。

【生长特征】喜阳性树种，适应性强，深根性，喜光，耐旱，抗寒，抗风，寿命可达百年以上，为低山丘陵地带的主要栽培果树。

【性味归经】甘、酸，温。归肺、心经。

【主要功效】生津止渴，润肺定喘。主治胃阴不足，口中干渴，肺经燥热，咳嗽咽干。

【食用价值】内含较多的糖、蛋白质以及钙、磷等矿物质，另含维生素 A、维生素 C 和 B 族维生素等，含有独特的苦杏仁苷、黄酮类物质等，是防癌抗癌的佳果。杏性温热，适合虚寒体质的人食用，具有润肺通便、养颜美颜、预防心血管疾病发生等功效。

【药用举例】

治口渴，热性伤寒：适量杏子干，浸泡在适量开水中溶出药味，待凉后服用。

【药膳举例】

1. 鲜杏猪肺汤：鲜杏子 50g，猪肺 250g，洗净后加水适量煮汤，食盐调味，饮汤食杏，连服 1 周，治肺燥干咳，大便干结。

2. 杏实膏：鲜杏子适量，洗净去皮、核，捣烂取汁，用文火熬至膏状，装瓶密封，1 周后食用。治肺阴不足、口干潮热、咳嗽盗汗等。

3. 鲜杏粥：杏子 15 枚，粳米 90g，冰糖 60g。鲜杏子洗净去核，水煮烂后捞出加粳米同煮，待快成粥时，加入杏肉、冰糖即可食用。有润肺生津止咳之功效。

【使用注意】实热体质的人多食杏子容易发热，会加重口干舌燥、便秘等上火症状。不宜多食，多食可引起消化不良和溃疡病，会诱发疖肿、腹泻，发生龋齿。产妇、幼儿忌食。

48 李子

【别名】李、玉皇李、山李子。

【来源】蔷薇科植物李子 *Prunus salicina* Lindl. 的成熟果实。7～8 月果实成熟时鲜用。

【生长特征】生于山坡灌丛、山谷疏林中，或水边、沟底、路旁等处。

【性味归经】甘、酸，凉。归肝、肾经。

【主要功效】清热生津，泻肝利水。主治阴虚发热，骨节间劳热、牙痛、消渴、生痰、白带、小儿丹毒。

【食用价值】富含水分、碳水化合物、膳食纤维、维生素 B_1、维生素 B_2、维生素 C 及钙、磷、铁、钾、钠、镁等元素。李子味酸，能促进胃酸和胃消化酶的分泌，并能促进胃肠蠕动，因而有改善食欲、促进消化的作用，尤其对胃酸缺乏、食后饱胀、大便秘结者有效。新鲜李肉中有丝氨酸、甘氨酸、脯氨酸、谷酰胺等氨基酸，有利尿消肿的作用，对肝硬化有辅助治疗效果。

【药用举例】

1. 治肝硬化腹水：李子 6 个，薏苡仁 30g。水煎服，每日 2 次。

2. 治骨蒸劳热，或消渴欲饮：鲜李子捣绞汁，冷服，每次 25mL，每日 3 次。

【药膳举例】

1. 凉拌李子：准备李子 500g。将李子洗净后拍碎，放入大碗中，再加放食盐、生抽、白糖、油辣椒粉拌匀调味即可。有补中益气、养阴生津、润肠通便的功效，尤其适用于气血两亏、面黄肌瘦、心悸气短、便秘、闭经、瘀血肿痛等症状的人多食。

2. 生食李子：准备适量李子，洗净后当水果生食。有生津止渴、利咽之功效。适用于发热、口渴、虚痨骨蒸、失音等人群。

3. 李子酒：鲜李子 5kg，40°～50°的白酒 1.5～2kg，白糖 1.5～2kg。李子洗净，沥干，划破，一层李子，一层白糖，然后加入白酒，密封 1 个月，即可饮用。具有促进消化、降低血压、美颜美容之效。

【使用注意】多食损伤脾胃，生痰湿，损齿。小儿不宜多吃。体质虚弱的患者宜少食。

49 花椒

【别名】椒、秦椒、蜀椒、川椒。

【来源】为芸香科植物青椒 *Zanthoxylum schinifolium* Sieb. etZucc. 或花椒 *Zanthoxylum bungeanum* Maxim. 的成熟果皮。秋季采收成熟果实，晒干，除去种子和杂质。

【生长特征】耐旱，喜阳光。适宜温暖湿润及土层深厚肥沃壤土、沙壤土。

【性味归经】辛，温。归脾、胃、肾经。

【主要功效】温中止痛，杀虫止痒。用于脘腹冷痛，呕吐泄泻，虫积腹痛。外用治疗湿疹，阴痒。

【食用价值】果皮中含大量挥发油，挥发油的主要成分为柠檬烯、1，8-桉叶素、月桂烯等，还含有香草柠碱、茵芋碱、青椒碱、蛋白质、碳水化合物、膳食纤维、维生素 A、维生素 B_1、维生素 B_2、维生素 E、烟酸及钙、钾、镁、磷、铁等元素，是常用的调味品。具有促进食欲、养胃护胃、消炎杀菌、安神助眠、增强免疫力等功效。

【药用举例】

1. 治妇人阴痒不可忍，非以热汤泡洗不能已者：花椒 15g，吴茱萸 15g，蛇床子 2g，藜芦 2g，陈茶 2g，烧盐 30g。水煎熏洗。

2. 治胃腹冷痛：花椒 6g，干姜 6g，党参 12g。水煎去渣，加入饴糖少许温服，每日 2 次。

3. 回乳： 花椒15g。加水500mL，水煎至250mL，加入红糖100g，于断奶当天服下，日服1剂。

【药膳举例】

1. 花椒红糖茶： 准备花椒15g，水500mL，将花椒加水浸泡后煎煮浓缩成250mL，然后加入红糖100g，温服，有温中散寒、止痛之功效，适用于胃部及腹部冷痛、食欲不振、呕吐清水、肠鸣便溏者，中老年人，女子寒性闭经和寒性痛经者，风寒湿性关节炎者等。

2. 花椒粥： 花椒5g，大米适量。花椒水煎留汁，加入大米煮成粥即可。空腹趁热服用，早晚各1次。具有温中散寒、促进食欲、安神助眠、止痛的功效。

【使用注意】 阴虚火旺者禁服，孕妇慎服。忌与猪肉配伍。不可多食，不可频繁使用。

50 鸡爪子

【别名】拐枣、鸡爪果、枳椇。

【来源】为鼠李科植物枳椇 *Hovenia acerba* Lindl. 的带有肉质果柄的果实。10 ～ 11 月果实成熟时连肉质花序轴一并采收，鲜用或晒干。

【生长特征】适应环境能力较强，抗旱，耐寒，又耐较瘠薄的土壤，喜欢阳光。

【性味归经】甘、酸，平。归脾、胃经。

【主要功效】解酒毒，止渴除烦，止呕，利大小便。主治醉酒，烦渴，呕吐，二便不利。

【食用价值】鸡爪子利用价值高，其肥大的果序梗，肉质多汁、营养丰富，含有多种营养元素和成分。每 100g 果中葡萄糖含量高达 45%，氨基酸总量达 2.41%，100g 鲜重含维生素 C 23mg，有机酸 345.8mg，钙 1.22g，蛋白质 0.31mg，铁 3.47mg，磷 0.8mg，锌 0.12mg，铜 0.74mg，锰 0.2mg，营养价值远大于常见水果。

【药用举例】

1. 治醉酒：鲜鸡爪子 30g，煎水冷服。

2. 治热病烦渴，小便不利：鸡爪子 9g，知母 9g，金银花 24g，灯心草 3g。水煎服。

3. 治小儿惊风：鸡爪子 50g，水煎服。

【药膳举例】

1. 解酒汤：鸡爪子20g，葛花3g，莲子、青梅各10g，加清水800mL煮开取汁，酒后随量饮用。适用于醉酒后心烦口渴不适。

2. 鸡爪子茶：鸡爪子20g，决明子10g，菊花6g，90℃热水冲泡，代茶频饮。适用于高血压人群。

3. 枳椇猪肺汤：鲜枳椇子120g，猪心、肺各1具，红糖30g。枳椇子洗净，猪心、肺洗净切成小块，将上述食材一起放入炖锅中，加水1000mL，文火炖1小时，调入少许盐、味精即可食用。有解渴除烦之效，可治酒痨吐血。

【使用注意】脾胃虚寒者禁用。

51 芫荽

【别名】胡荽、香菜、香荽。

【来源】伞形科植物芫荽 *Coriandrum sativum* L. 的带根全草。春季采收，洗净，鲜用或晒干。

【生长特征】一般要求阳光充足，雨水充沛，土壤肥沃，疏松的石灰性砂质壤土。

【性味归经】辛，温。归肺、胃经。

【主要功效】发汗透疹，消食下气。治麻疹透发不快，食物积滞。

【食用价值】芫荽营养丰富，主要营养成分有蛋白质、胡萝卜素、钙、磷、铁等。经科学分析，芫荽中胡萝卜素的含量为番茄、黄瓜、茄子、菜豆的10倍以上，钙、铁的含量也高于其他许多叶类蔬菜，是人类历史上用于调味食品上最古老的芳香蔬菜之一，能促进唾液分泌，具有抗氧化等保健功能。

【药用举例】

1. 治麻疹不透：芫荽6g，蝉蜕6g，薄荷2.4g。水煎服。

2. 治消化不良，腹胀：鲜芫荽30g。水煎服。

3. 治胃寒胀痛：芫荽15g，胡椒15g，艾叶6g。水煎服。

【药膳举例】

1. 芫荽苏叶姜茶：芫荽9g，紫苏叶6g，生姜6g。开水冲泡后服用，适用于风寒感冒，头痛鼻塞。

2. 芫荽荸荠汤：芫荽连须3株，荸荠3个，紫草茸3g，加水 500mL，煎 15 分钟后滤汁，分 2 次服，隔 4 小时服一次，适用于麻疹应出不出或疹出不透。

3. 芫荽炖鸡蛋：芫荽 50g，鸡蛋 2 个。芫荽洗净切碎放入碗内，打入鸡蛋拌匀炖熟食用，每日 2 次。用于止咳有特效。

【使用注意】食用时要焯水，热毒壅盛而疹出不畅者忌服。

52 苣荬菜

【别名】荬菜、野苦菜、野苦荬、苦荬菜。

【来源】菊科植物苣荬菜 *Sonchus wightianus* DC. 的全草。春季开花前连根拔起，洗净，鲜用或晒干。

【生长特征】生长于海拔 300 ～ 2300m 的山坡草地、林间草地、潮湿地或近水旁，村边或河边砾石滩。

【性味归经】苦，寒。归肺、大肠经。

【主要功效】清热解毒，补虚止咳。治菌痢，喉炎，虚弱咳嗽，内痔脱出，白带。

【食用价值】苣荬菜具有较高的营养价值，它富含人体所必需的糖、脂肪、蛋白质、矿物质及多种维生素。食用苣荬菜对心血管有很好的保护作用。

【药用举例】

1. 治急性细菌性痢疾：苣荬菜 30g，水煎服。

2. 治急性咽炎：鲜苣荬菜 30g（切碎），灯心草 3g。水煎服。

3. 治内痔脱出发炎：苣荬菜 60g。煎汤，熏洗患处，每天 1 至 2 次。

【药膳举例】

1. 苣荬菜灯心茶：鲜苣荬菜 50g，灯心草 15g。鲜苣荬菜切碎与灯心草同泡茶服。适用于急性咽炎。

2. 苣荬菜粥：苣荬菜 200g，粳米 100g，共煮粥食用。有清热解毒、凉血止痢的作用，适用于热毒血痢之人群。

3. 凉拌苣荬菜：鲜苣荬菜500g，精盐、味精、蒜泥、醋、香油适量。将苣荬菜洗净，入沸水中焯透，捞出用清水洗去苦味，挤干切段放入盘中，加入精盐、醋、香油、蒜泥、味精拌匀，食用。具有清热解毒、补虚止咳之功。

【使用注意】食用时要焯水。不宜多食，湿邪内阻及疮疥、败疽、痔瘘者慎服。

53 补血菜

【别名】血皮菜、紫背菜、观音菜。

【来源】菊科植物紫背菜 *Gynura bicolor*（Roxb.）DC. 的茎、叶。全年可采。因茎、叶富含水汁，难以晒干，一般多鲜用。

【生长特征】生于平原及低山区阴湿处，或家种于树荫、房屋前后隙地和向阴的地。

【性味归经】甘、辛，凉。归肝、大肠经。

【主要功效】凉血止血，清热消肿。用于咯血，血崩，痛经，血气痛，支气管炎，盆腔炎，中暑，阿米巴痢疾。外用治创伤出血，溃疡久不收口，疔疮痈肿，甲沟炎。

【食用价值】补血菜含有较为丰富全面的营养成分，除含一般蔬菜所具有的营养物质外，还含有丰富的维生素、烟酸、黄酮苷等物质及钙、铁、锌、锰、镁、钼等多种对人体健康有益的元素。补血菜具有治疗血气亏、缺铁性贫血，外用创伤止血、消炎消肿的功效，其中富含的黄酮苷成分可以延长维生素 C 的作用，减少血管性紫癜，能提高人体抗病毒的能力，增强人体免疫力，对肿瘤有一定预防效果。补血菜中花青素的抗氧化清除自由基的能力是维生素 C 的 20 倍，维生素 E 的 50 倍，是抗癌、抗衰老的有效元素，补血菜中含有的叶酸是一种天然的抗癌维生素。

【药用举例】

1. 治盆腔炎：补血菜嫩叶 30g，湖广草 15g。水煎服。

2. 治肾盂肾炎腰痛：鲜补血菜 60g，黄毛耳草、仙鹤草各

15g。水煎服。

3. 治疗疮痈肿：鲜补血菜适量，加少许食盐或白糖同捣烂，外敷患处。

4. 治甲沟炎：鲜补血菜适量，捣烂加白酒少许，外敷患处。

【药膳举例】

1. 凉拌补血菜：补血菜300g，盐、醋、香油、蒜泥适量，将补血菜洗净，入沸水中焯透，捞出洗净，挤干水切段，放入盘中，加入盐、醋、香油、蒜泥拌匀食用。适用于痛经血崩、咯血、肿痛的人群。

2. 蒜炒补血菜：补血菜250g，独头大蒜两头，素炒后食用。可适用于血虚无力。

【使用注意】食用时要焯水。注意控制摄入量，避免多食久食。

54 佛耳草

【别名】黄花曲草、清明菜、田艾、鼠曲草。

【来源】菊科植物鼠曲草 *Gnaphalium affine* D. Don 的全草。春夏采收，洗净鲜用或晒干。

【生长特征】野生于田边、山坡及路边。

【性味归经】甘、微酸，平。归肺经。

【主要功效】化痰，止咳，解毒，祛风寒。治咳嗽痰多，气喘，感冒风寒，蚕豆病，筋骨疼痛，白带，痈疡。

【食用价值】佛耳草是一种口感鲜美的天然食品资源，是清明时节最早可食的野菜，味道清香扑鼻，沁人心脾，营养丰富；同时具有食疗的作用，能治支气管炎、高血压、风湿性腰痛、哮喘，是民间喜爱的传统保健野生蔬菜。

【药用举例】

1. 治咳嗽痰多：佛耳草全草 15g，冰糖 15g，同煎服。

2. 治风寒感冒：佛耳草 15g，水煎服。

3. 治中耳炎耳痛、流脓：佛耳草捣取汁滴入耳朵，每次 3～5 滴，每日 3 次。

【药膳举例】

1. 蒿菜粑：糯米粉 1000g，佛耳草 500g，腊肉、豆腐干、食盐适量。将新鲜的佛耳草揉搓去汁，切碎，再将糯米粉和切碎的佛耳草加水拌匀。糯米粉与佛耳草用力揉匀后待用。把腊肉切成小丁状，下锅炼成油，豆腐干切成丁状放入锅中与腊肉一起炒熟加盐入味，然后将腊肉豆腐干做成馅儿，佛耳草糯米粉做皮，两者一起做成包子状，上蒸笼蒸熟即可。

2. 佛耳草冰糖水：佛耳草 30g 与冰糖适量一起煎制服用。适用于肺热、肺燥咳嗽、咳痰等症。

3. 佛耳草炒蛋：鲜佛耳草 200g，鸡蛋 2 个。佛耳草洗净焯水后切碎，与鸡蛋同炒熟。适用于高血压人群食用。

【使用注意】食用时要焯水。过量食用损害视力。

55 青钱柳

【别名】青钱李、甜茶树。

【来源】胡桃科植物青钱柳 *Cyclocarya paliurus*(Batal.)Iljinsk. 的叶，春、夏季采收，除去杂质，晒干。

【生长特征】生于海拔 500 ～ 2500m 的山谷河岸或湿润的森林中。

【性味归经】辛、微苦，平。归肺、肝经。

【主要功效】生津止渴，清热平肝，祛风止痒。主治消渴，眩晕，目赤肿痛，皮肤癣疾及便秘。

【食用价值】青钱柳叶中富含皂苷、黄酮、多糖等有机营养成分，还含有钾、钙、镁、磷等人体必需的常量元素，以及对人体保健有重要作用的微量元素如锰、铁、铜、锌、硒、钒、锗等。具有提高免疫力、改善睡眠、平衡人体糖代谢等功能。青钱柳作为天然保健食品资源，其叶炮制成茶，具有很好的调节血糖的保健作用。此外，青钱柳还被开发为减肥茶，青钱柳中的青钱柳甙 I 被开发为甜味剂。

【药用举例】

1. 治皮肤癣疾：鲜青钱柳叶适量捣烂取汁擦癣。

2. 治消渴：青钱柳 10g，黄精 10g，昆布 30g。水煎服。

【药膳举例】

1. 青钱柳茶：准备青钱柳适量。将青钱柳叶洗净后煮水代茶饮，有降糖、降脂、降压之功效，适用于糖尿病、糖尿病前期、高脂血症、高血压、高尿酸血症等人群。

2. 凉拌青钱柳：准备青钱柳新鲜嫩芽适量、调料少许。将新鲜青钱柳洗净后备用，锅内放清水烧开后放入青钱柳汆水捞出，加入调料后食用。有生津止渴之效，适用于口干欲饮等人群。

【使用注意】不可大剂量长期食用，孕妇、婴幼儿禁食。

56 板栗

【别名】栗子、栗实、樸子、榛子。

【来源】壳斗科植物板栗 *Castanea mollissima* Bl. 的种仁。秋季果实成熟时采摘，去除外壳，晒干。

【生长特征】生长于海拔 100 ～ 2500m 的低山丘陵、缓坡及河滩等地带。

【性味归经】甘、微咸，平。归脾经。

【主要功效】益气健脾，补肾强筋，活血消肿，止血。主治脾虚泄泻，反胃呕吐，脚膝酸软，筋骨折伤肿痛，瘰疬，吐血，衄血，便血。

【食用价值】板栗中除富含淀粉外，尚含有蛋白质、胡萝卜素、维生素 C、维生素 B_1、维生素 B_2、烟酸等多种营养素。这些物质对人体有良好的营养滋补作用，尤其是其富含的不饱和脂肪酸，可达到抗衰老、延年益寿的目的。可以生吃、熟吃，还可以加工成糕、粉、蜜饯等。

【药用举例】

1. 治幼儿腹泻：板栗磨粉，煮如糊，加白糖适量喂服。

2. 治老年肾亏，小便频数，腰脚无力：每日早晚各食生板栗 1 ～ 2 枚，嚼食后咽。

3. 治牙床红肿：板栗及棕树根各 30g。水煎服。

【药膳举例】

1. 板栗炒鸡丁：板栗适量，鸡 1 只（大约 1200g），白豆蔻、枸杞子、葱白、姜丝、淀粉、胡椒粉、盐、绍酒、酱油适量。将干净的鸡剔除粗骨，剁成长、宽约3cm的方块，板栗肉洗净滤干，葱切成斜段、姜切片备用。油倒入锅中烧六成热时，炸板栗上色，捞出备用。锅中底油烧热后下葱、姜煸香，倒入鸡块炒干水气，烹绍酒，加入清水、盐、酱油，小火煨至八成熟后，再放入炸过的板栗肉、枸杞子、肉豆蔻，煨至鸡块软烂，调入胡椒粉炒匀，勾芡即可。有补肾强身之效，适用于夜尿多、腰膝酸软、早醒多梦、乏力等人群。

2. 板栗牛腩粥：稠粥1碗，牛腩200g，熟板栗50g，植物油1大匙，冰糖1/2小匙，酱油、绍酒各1/2大匙，牛肉卤料1包，精盐1/2小匙。首先，将牛腩洗过，放入锅中，加入植物油、冰糖、酱油、绍酒、牛肉卤包熬煮约2小时至熟透，取出，切厚片。再在锅中倒入稠粥、牛腩片、熟板栗，上火煮开，再加入精盐等调料，出锅装碗即可。有补中益气之效，适用于体虚多病、免疫力低下、产后、手术后等人群。

【使用注意】食积停滞、脘腹胀满痞闷者禁用。

57 卷心菜

【别名】圆白菜、莲花白、包心菜、包菜。

【来源】十字花科卷心菜 *Brassica oleracea* L. var. *capitata* L. 的叶。夏、秋季采收，鲜用或晒干。

【生长特征】喜温和湿润、充足的光照。

【性味归经】甘，平。归脾、胃经。

【主要功效】清热，止痛。主治胃及十二指肠溃疡，疼痛。

【食用价值】每 100g 卷心菜中含有约 60mg 的维生素 C、200mg 的钾及较多的维生素 B_1、维生素 B_2、维生素 P、维生素 K 等。卷心菜富含防衰老的抗氧化成分，具有一定的防癌抗癌、促进消化、提高免疫力、增进身体健康的功效。

【药用举例】

1. 治胃溃疡：鲜卷心菜捣烂取汁 1 杯（约 200 ～ 300mL），略加温，饭前饮服，每日 2 次，连服 10 天为 1 个疗程。

2. 治蚊虫叮咬：鲜卷心菜梗适量捣烂取汁频搽蚊虫叮咬处。

【药膳举例】

1. 卷心菜炒肉：鲜卷心菜洗净后用手撕成小片状，猪肉剁成末，辣椒切小段，锅内放入适量食用油烧至七成热后加入猪肉末炒出油，辣椒入锅煸香后放入生抽，再放入卷心菜翻炒熟即可出锅。有补中益气、润肠通便、增进食欲之功效，一般人群均可食用。

2. 卷心菜胡萝卜汁：鲜卷心菜 500g，胡萝卜 250g，红糖适量。将卷心菜及胡萝卜共榨汁后调入红糖分2次服用，对咽喉疼痛、胃痛、牙痛及哺乳期贫血有辅助治疗作用。

3. 炒卷心菜：卷心菜500g，蒜头、生姜、食盐、味精、白糖各适量。卷心菜及姜洗净切丝，蒜头切末，油烧至六七成热，爆香蒜末、姜丝，倒入卷心菜丝，炒熟后调味。对慢性胃炎患者有解痉和消炎的作用。

【使用注意】脾胃气虚、泄泻者慎食，皮肤瘙痒、眼部出血及外科手术后忌食。

58 油菜

【别名】芸苔、苔菜、油菜心。

【来源】十字花科植物油菜 *Brassica rapa* var. *chinensis*（Linnaeus）Kitamura 的嫩茎叶，春季采收，鲜用或晒干。

【生长特征】一般生长在气候相对湿润的地方。

【性味归经】辛，凉。归肺、肝、脾经。

【主要功效】散血消肿，清热解毒。主治劳伤吐血，乳痈，无名肿毒，血痢腹痛。

【食用价值】油菜的嫩茎叶质地脆嫩，略带甜味且营养丰富，含有丰富的胡萝卜素、维生素 B_1、维生素 B_2、烟酸、维生素 C、蛋白质、脂肪、粗纤维及钙、磷、铁等。具有润肠通便、降血脂、美白等食用功效。油菜籽榨出的油透亮清香，是人们日常生活中常用的植物油。

【药用举例】

1. 乳腺炎：用油菜叶捣烂外敷，也可绞汁温服，每次 1 小杯，每日 3 ～ 4 次。

2. 丹毒：油菜叶不拘多少，捣烂涂患处，每日 2 ～ 3 次。

【药膳举例】

1. 清炒油菜：油菜洗净后切成 3cm 长段，锅烧热，下菜油，旺火烧至七成热时，下油菜旺火煸炒，酌加精盐，菜熟后起锅装盘。有活血化瘀、促进肠蠕动、降低血脂之功效。一般人群均可食用，且孕妇产后特别适合吃一些油菜，对产后血瘀腹痛、浮肿有一定的辅助治疗效果。

2. 凉拌油菜：将油菜梗、叶分开后洗净，切3cm长段，沥干水，入滚水中煮熟，捞出沥水装盘，以麻油、精盐拌食。有宽肠通便、降糖之功效，一般人群均可食用，糖尿病、便秘人群尤宜。

3. 油菜粥：油菜150g，粳米50g，食盐少许。将油菜洗净，切成2cm长节；粳米淘洗干净，备用。将粳米放入锅内，加入油菜、水适量，置武火上烧沸，再用文火熬熟，加入食盐调味即成。具有行血、散瘀、消痈肿的功效。适用于风毒热邪、丹毒、疮痈、女子热结血瘀等症。

【使用注意】麻疹后、疮疥、目疾患者不宜食。

59 枇杷

【别名】卢桔、卢橘、金丸。

【来源】为蔷薇科植物枇杷 *Eriobotrya japonica*（Thunb.）Lindl. 的果实。5～6月果熟时采收。鲜用或晒干。

【生长特征】常栽种于村边、平地或坡地。喜温暖气候和肥水湿润、排水良好的土壤。

【性味归经】甘、酸，凉。归肺、脾经。

【主要功效】润肺，止渴，下气。主治肺热咳喘，吐逆烦渴。

【食用价值】枇杷含有果糖、葡萄糖、钾、磷、铁、钙以及维生素A、维生素B、维生素C等，其中胡萝卜素含量在各水果中为第三位。除了鲜吃外，还可制成罐头、蜜饯、酒、果膏、饮料等，具有润肺、止咳、健胃、清热、减肥、美颜的功效。

【药用举例】

1. 治肺燥咳嗽：鲜枇杷60g，冰糖30g，水煎服。

2. 治胃热：枇杷15个，水煎，每日早晚服。

【药膳举例】

1. 枇杷秋梨膏：准备枇杷、秋梨、百合、陈皮、杏仁适量。将枇杷剥皮去核，鲜梨清洗然后切块，与百合、陈皮、杏仁一同放入榨汁机里榨成汁，用过滤器过滤掉渣，然后静置再沉淀得到清澈的汁，将汁倒入锅中煮开，煮至沸腾后慢熬，同时用过滤网捞滤浓汁中的食材残渣和浮沫，获得高密度滤清浓汁，再加蜂蜜、冰糖搅拌使之溶解在其中，搅拌均匀后静置冷却灌装即可。

有消食止渴、润肤止咳、润肺下气之功效，适用于干咳少痰，或者是咯血，或咽干、口干、口渴、恶心呕吐、不欲饮食、胃部不适等人群。

2. 枇杷粥：枇杷肉250g，粳米50g，冰糖适量。以水煮冰糖，随后加入粳米，煮至粥熟，放入已加工好的枇杷肉，再煮10分钟即成。对肺热咳嗽、痰多、咽喉肿痛、干咳有辅助治疗作用。

【使用注意】多食助湿生痰，脾虚滑泄者和糖尿病患者忌之。

60 苹果

【别名】柰、西洋苹果、嘎啦、黄元帅。

【来源】蔷薇科植物苹果 *Malus pumila* Mill. 的果实。7～10月份果实成熟时采收，鲜用或晒干。

【生长特征】苹果能够适应大多数的气候。在南北纬35°～50°是苹果生长的最佳选择。

【性味归经】甘，凉。归脾、肺经。

【主要功效】益胃，生津，除烦，醒酒。主治津少口渴，脾虚泄泻，食后腹胀，饮酒过度。

【食用价值】苹果不仅色艳味美，香甜可口，且每千克苹果约含有胡萝卜素0.64mg，硫胺素0.08mg，烟酸0.8mg，抗坏血酸40mg，以及脂肪、碳水化合物、蛋白质、灰分和钙、磷、铁等元素，是一种优良的滋补佳果。还可用其制作果酱、果汁、果酒、果干、罐头等多种食品。

【药用举例】

1. 治消化不良，少食腹泻，或久泻而脾阴不足：苹果30g，山药30g，共研粉末，每次15～20g，加白糖适量，用温开水送服。

2. 治胃阴不足，咽干口渴：鲜苹果1000g，捣烂取汁，熬成稠膏，加蜂蜜适量混合，每次1汤匙。

【药膳举例】

1. 苹果粥：准备苹果1个，红薯1个，红枣3枚，小米

50g。将苹果和红薯洗净后去皮切小丁备用，小米清洗后放入砂锅里，加入适量水大火烧开改小火煮20分钟，然后放入苹果、红薯、红枣再煮大约30分钟后出锅即可。有补中益气、润肠通便之功效，适用于体虚气短、便秘等老年人群。

2. 凉拌苹果：准备苹果1个，黄瓜1根，食盐、生抽、白糖、香醋等调料适量。将苹果和黄瓜洗净后去皮切片，再放入碗中加入适量的食盐入味，然后放入生抽、白糖、香醋等调味料调味即可。有生津止渴、清心除烦等功效，特别是在夏天有除暑热之作用，可以适用于口苦咽干、五心烦热之人群。

3. 苹果奶茶：准备苹果1个，牛奶1袋，冰糖适量。将苹果洗净后去皮切片，与冰糖一起放入榨汁机里榨成汁，滤过果渣取汁加入牛奶搅拌均匀即可。有补中益气、健脾和胃之功效，适用于年老、体虚、消化不良等人群。

【使用注意】多食令人胂胀，病人尤甚。

61 金樱子

【别名】刺梨子、糖罐罐、黄刺果。

【来源】蔷薇科植物金樱子 *Rosa laevigata* Michx. 的果实。10 ～ 11 月果实成熟变红时采收，除去毛刺，鲜用或晒干。

【生长特征】喜生于向阳的山野、田间、溪畔等的灌木丛中，一般分布于海拔 200 ～ 1600m 的山间。

【性味归经】酸、甘、涩，平。归肾、膀胱、大肠经。

【主要功效】固精缩尿，涩肠止泻，固崩止带。治滑精，遗尿，小便频数，脾虚泻痢，肺虚喘咳，自汗盗汗，崩漏带下。

【食用价值】金樱子中含有多种化学成分如甾体、三萜、酚酸、苯丙素和多糖等类型化合物。此外，还有维生素、氨基酸、柠檬酸、亚油酸及其衍生物、内酯类等成分，有改善肾脏功能、保护肝脏等作用。

【药用举例】

1. 治梦遗，精不固：鲜金樱子 5kg，剖开去子毛，于木臼内杵碎。水 2L，煎成膏汁服。

2. 治久虚泄泻下痢：金樱子（去外刺和内瓤）30g，党参 9g。水煎服。

3. 治老年尿频，夜尿多：金樱子 10g，芡实 10g，山茱萸 20g。水煎服。

【药膳举例】

1. 金樱子酒：鲜金樱子 500g，去刺洗净，切成两半，去核晾干。用 40°～ 50°白酒 2500mL 浸泡 1 个月，可根据需要加入冰糖或蜂蜜，具有补肾强腰和益肾的功效，对男性性功能减退及遗精、滑精有较好的治疗作用。

2. 金樱子粥：加工好的金樱子 30g，粳米 100g。将金樱子洗好后加入适量清水蒸煮，蒸好后滤液汁，将药引与粳米一起煮制成粥即可食用。对遗尿、小便频及女子带下有治疗作用。

3. 金樱子炖肉：金樱子 10g，猪肉 50g。二物放入炖锅中加水炖熟，加食盐少许调味，食肉喝汤。对遗尿、遗精、慢性泄泻有较好的效果。

【使用注意】有实火、邪热者忌服，中寒有痞者禁服，泄泻由于火热暴注者不宜用，小便不禁及精气滑脱因于阴虚火炽而得者不宜用。

62 玫瑰花

【别名】徘徊花、笔头花、刺玫花。

【来源】蔷薇科植物玫瑰 *Rosa rugosa* Thunb. 的花蕾。春末夏初花将开放时采摘，鲜用或低温干燥。

【生长特征】喜阳光充足，耐寒，耐旱，在富含腐殖质、排水良好的中性或微酸性轻壤土上生长和开花最好。

【性味归经】甘、微苦，温。归肝、脾经。

【主要功效】理气解郁，和血散瘀，调经止痛。治肝胃气痛，新久风痹，吐血咯血，月经不调，赤白带下，痢疾，乳痈，肿毒，跌扑伤痛。

【食用价值】含有丰富的维生素 C、氨基酸、可溶性糖、生物碱和钙、铁、磷、钾、镁等矿物质以及多种香酚。可缓和情绪、平衡内分泌、补血气、美颜护肤、缓解痛经、温胃健脾、减肥降脂，对肝及胃有调理的作用，并有消除疲劳、改善体质、促进血液循环之功能，是美容养颜瘦身的佳品。

【药用举例】

1. 治肝胃气痛：玫瑰花阴干，冲汤代茶服。

2. 治肺病咳嗽吐血：鲜玫瑰花捣汁炖冰糖服。

3. 急慢性风湿痛：玫瑰花 9g，红花、当归各 6g。水煎去渣，热黄酒冲服，每日 2 次。

【药膳举例】

1. 玫瑰花茶：准备玫瑰花适量。将玫瑰花放入杯中，加入沸水浸泡10分钟即可饮用。玫瑰芳香行散，具有疏肝解郁、和血调经之功效。适用于气滞导致胸胁胀闷作痛、乳腺小叶增生、乳腺囊肿、甲状腺结节、围绝经期综合征等人群。

2. 玫瑰花粥：准备玫瑰花20g，大米100g。将玫瑰花用水冲洗后放入砂锅煎水10～15分钟左右，捞出玫瑰花后，将锅里玫瑰花汁中加入大米煮成粥即可。有开胃健脾、行气活血之功效，适用于月经不调、胃肿胃痛、乳痈等人群。

3. 玫瑰花饼：准备玫瑰花50g，面粉500g，白糖100g，食盐少许。将玫瑰花、面粉、白糖等一起制作成玫瑰花饼，有补中益气、行气活血、宽胸解郁之功效。适用于贫血、胃痛、食欲不振等人群。

【使用注意】便秘、阴虚火旺者禁用，孕妇、婴幼儿慎用，月经量过多者慎用，不宜与茶叶泡在一起喝。

63 委陵菜

【别名】翻白菜、根头菜。

【来源】为蔷薇科植物委陵菜 *Potentilla chinensis* Ser. 的全草。春季末抽茎时采挖，除去泥沙。鲜用或晒干。

【生长特征】生于山坡草地、沟谷、林缘、灌丛或疏林下。

【性味归经】苦，寒。归肝、大肠经。

【主要功效】清热解毒，凉血止血，止痢。主治热毒泻痢，里急后重，久痢不止，痔疮出血，肺痈疮毒。

【食用价值】含山柰素、槲皮素、α－儿茶酚等黄酮类，熊果酸等三萜类，有机酸类，维生素 C，膳食纤维。

【药用举例】

1. 治赤白痢疾：委陵菜 15g，马齿苋 15g，茶叶 6g。水煎服，每日 2 次。

2. 治吐血：委陵菜 9g，侧柏炭、仙鹤草各 12g。水煎服。

3. 治便血：委陵菜根 15g，小蓟炭 12g，侧柏炭 9g。水煎服。

【药膳举例】

1. 清炒委陵芽：准备委陵菜嫩茎叶 500g，葱花、味精、调料适量。将委陵菜芽洗净后入沸水中焯一下，捞出沥干，备用。锅里放入菜油烧成七成热，放入委陵菜芽在锅中翻炒熟，出锅前加入调料即可。有增强免疫力、强身健体、清热排毒之功效，适用于腹泻、痢疾、肠炎、胃痛等人群。

2. 委陵菜蜜枣汤：委陵菜嫩茎叶50g，红枣10枚，红糖适量。将委陵菜洗净沸水中焯一下，备用，红枣洗净，放入锅中，加适量水煮至枣熟，加入委陵菜煮沸20分钟，加入红糖搅匀即成。有补脾益胃、凉血止血之功，适用于食欲不振、消化不良、多种出血、崩漏带下等人群。

3. 凉拌委陵菜根：委陵菜根250g，洗净后用热水焯熟，再用凉水浸泡半天，切丝，配以食盐、酱油、味精后食用。对口疮、感冒、痘疹、吐血、便血等有较好的防治作用。

【使用注意】孕妇、脾胃虚寒者忌服。不可大量食用。

64 苜蓿菜

【别名】草头、母齐头、金花菜、光风菜。

【来源】豆科植物南苜蓿 *Medicago hispida* Gaertn. 的全草。5～6月花期采割，除去杂质，鲜嫩的茎叶食用，全草晒干供药用。

【生长特征】发芽需要适宜的温度和湿度，最适宜发芽的温度是20℃。苜蓿生长对水分的要求很高，分枝至现蕾期需水量最多，其次是开花结荚期。

【性味归经】苦、微涩，平。归脾、胃、肾经。

【主要功效】清热凉血，利湿退黄，通淋排石。主治热病烦渴，黄疸，肠炎，痢疾，浮肿，尿路结石，痔疮出血。

【食用价值】苜蓿有“食物之父”的美誉。苜蓿中含有大量的铁元素，因而可作为治疗贫血的辅助食品。苜蓿中所含的B族维生素成分，可治疗恶性贫血。此外，苜蓿还含具有止血作用的维生素K，民间有些验方常用它来治胃或痔、肠出血。苜蓿中还含苜蓿素和苜蓿酚等物质，有止咳平喘的作用，对支气管炎有一定疗效。另外苜蓿中含有粗纤维，可促进大肠蠕动，有助于大便及毒素的排泄，防治大便秘结和肠癌。而且苜蓿中所含的苜蓿素能抑制肠道收缩，增加血中甲状腺素的含量，可防止肾上腺素的氧化，并有一定的抗癌作用。

【药用举例】

1. 治黄疸，膀胱结石，小便不通，痔疮出血：苜蓿菜30g，水煎服；或用鲜全草 60 ～ 90g，捣烂取汁服。

2. 治浮肿：苜蓿菜叶 15g（研末），豆腐 1 块，猪油 90g。炖熟一次服下，连续服用。

【药膳举例】

1. 清炒苜蓿菜：准备苜蓿菜嫩茎叶 300g，食盐等调料适量。将苜蓿菜嫩茎叶用水清洗后在沸水中焯一下备用，锅内放菜油适量烧热后放入苜蓿菜嫩茎叶，在锅里翻炒熟，出锅前洒上食盐调味即可。有开胃、健脾益气、排毒、利尿、降糖降脂、防治便秘之功效，适用于食欲不振、消化不良、大便秘结、营养不良者，高胆固醇、高血糖者以及围绝经期女性等人群。

2. 苜蓿粥：新鲜苜蓿菜 100g，洗净后在沸水中焯一下，细切备用，大米 50g，淘洗干净，加水与苜蓿一起煮粥。每日早、晚各吃 1 次，在防治酸性结石，特别是酸性膀胱结石方面有较好的作用。

【使用注意】大便溏薄、尿路结石、痛风患者慎食。不宜与蜜同食。

65 枣子

【别名】枣、红枣、大枣。

【来源】为鼠李科植物枣 *Ziziphus jujuba* Mill. 的成熟果实。秋季果实成熟时采收，鲜用或晒干。

【生长特征】喜向阳沙质土壤，耐干旱。

【性味归经】甘，温。归脾、胃、心经。

【主要功效】补中益气，养血安神。用于脾虚食少，乏力便溏，妇人脏躁。

【食用价值】枣含有蛋白质、糖类、有机酸、维生素 A、维生素 C、钙以及氨基酸等丰富的营养成分。枣能提高人体免疫力，并可抑制癌细胞：药理研究发现，枣能促进白细胞的生成，降低血清胆固醇，提高血清白蛋白，保护肝脏。枣对病后体虚的人也有良好的滋补作用。枣所含的芦丁，能使血管软化，从而降低血压，对高血压病有防治功效。总之，枣子具有养胃、健脾、益血、滋补、强身之效。

【药用举例】

1. 治脾胃湿寒，饮食减少，长作泄泻，完谷不化：熟枣肉 250g，白术 60g，干姜 30g，鸡内金 30g。上述 4 味药，白术、鸡内金均用生者，每味各自轧细，焙熟，再将干姜轧细，共和枣肉，同捣如泥，做小饼，木炭火上炙干。空心时，当点心，细嚼咽之。

2. 补气：枣子 10 枚，蒸软去核，配人参 3g，布包，藏饭锅内蒸烂，捣匀为丸，如弹子大，收贮用之。

【药膳举例】

1. 枣子山药粥：枣子10枚，山药10g，粳米100g，冰糖少许。将枣子、山药、粳米淘洗干净，山药切片后将其一同放入锅内，用武火烧沸后，转用文火炖至米烂成粥。将冰糖放入锅内，加少许水，熬成冰糖汁，再倒入粥锅内，搅拌均匀即成。具有补益气血、健脾胃的功效。适用于老年人脾胃虚弱、血小板减少、贫血、营养不良等症。

2. 红枣养颜糕：糯米粉100g，栗子粉200g，红糖10g，酵母8g，温水拌匀后，均匀插上红枣20枚（露出一半）蒸熟切块食用。适用于气血两虚的面色暗淡。

【使用注意】凡有湿痰、积滞、齿病、虫病者，均不相宜。

66 罗汉果

【别名】拉汗果、金不换、罗汉表、裸龟巴。

【来源】葫芦科植物罗汉果 *Siraitia grosuenorii*（Swingle）C. Jeffreyex A. M. Lu et Z. Y. Zhang 的果实。秋季果实由嫩绿变深绿色时采收，鲜用或晒干。

【生长特征】常生长于海拔 400 ～ 1400m 以上的山坡林下及河边湿地、灌木丛。

【性味归经】甘，凉。归肺、大肠经。

【主要功效】清热润肺，利咽开音，滑肠通便。用于肺热燥咳，咽痛失音，肠燥便秘。

【食用价值】罗汉果中含有多种营养素和生物活性因子，包括必需氨基酸、黄酮、多糖、甜苷、维生素 C、微量元素等。同时，罗汉果中含有丰富的蛋白质和糖类，具有加强抵抗力、抗氧化等效果。

【药用举例】

1. 治百日咳：罗汉果 1 个，柿饼 15g。水煎服。

2. 治喉痛失音：罗汉果 1 个，切片，水煎，待冷后，频频饮服。

【药膳举例】

1. 罗汉果瘦肉汤：罗汉果半个，陈皮 6g，瘦猪肉 100g。先将陈皮浸，刮去白，然后与罗汉果、瘦肉共煮汤，熟后去罗汉果、陈皮，饮汤食肉。适用于肺燥咳嗽痰多、咽干口燥等症。

2. 罗汉果茶：罗汉果15～30g，沸水冲泡，当茶频频饮服。适用于喉痛失音、扁桃体炎、咽炎、便秘。

3. 罗汉果煲猪肺：罗汉果1个，猪肺24g。选成熟的罗汉果备用。猪肺切成小块，挤出泡沫，洗净，然后放入砂锅中，加水适量。罗汉果切成薄片，放入盛猪肺的砂锅中同煮，猪肺熟即可服用。具有清热化痰、润肺止咳的功效，适用于肺热及肺燥咳嗽，咯痰不利，或吐痰黄稠，咽干口燥等症。

【使用注意】脾胃虚寒者忌服。

67 苦瓜

【别名】凉瓜、癞瓜、红羊。

【来源】葫芦科植物苦瓜 *Momordica charantia* Linnaeus 的近成熟果实。夏、秋季采收，对半纵剖，去瓤和种子，切片，鲜用或干燥。

【生长特征】广泛栽培于热带到温带地区，喜温暖气候，较耐热，不耐寒，喜湿。

【性味归经】苦，寒。归心、脾、肝经。

【主要功效】清暑涤热，明目，解毒。用于暑热烦渴，消渴，赤眼疼痛，痢疾，疮痈肿毒。

【食用价值】苦瓜有丰富的营养价值，含有的蛋白质、脂肪、碳水化合物等在各种瓜类蔬菜中含量较高，特别是维生素 C 含量。还含有苦瓜苷、氨基酸、胡萝卜素、粗纤维，以及磷、铁等多种矿物质，营养十分丰富。苦瓜苦中带甜，是一种美食佳品，有“天然胰岛素”的美称，是很多人喜欢的美味佳肴。

【药用举例】

1. 治烦热口渴：鲜苦瓜 1 个，剖开去瓤，切碎，水煎服。

2. 治中暑发热：鲜苦瓜 1 个，截断去瓤，纳入茶叶少许，再接合，悬挂通风处阴干。每次 9g。水煎或泡开水代茶饮。

【药膳举例】

1. 五味苦瓜：新鲜苦瓜 250g，麻油、蒜蓉、香菜末、番茄酱、醋适量。把苦瓜洗净，去掉瓜瓤，切成薄片放在碗里，添加麻油、番茄酱、醋、蒜蓉拌匀，撒上香菜末即可。具有开胃消食、清暑美容的功效，适用于慢性胃炎、吸收不良综合征、中暑、单纯性消瘦等人群。

2. 苦瓜蜂蜜汁：新鲜苦瓜500g，蜂蜜25g。新鲜苦瓜洗净，捣绞汁50～100mL滤净渣，沸水50mL冲泡蜂蜜，两者搅匀后服用，每日3次，每次30～50mL。适用于痢疾。

3. 清炒苦瓜：苦瓜250g，葱、姜、辣椒、食盐、猪油适量。苦瓜洗净，去瓤，切薄片，与辣椒、姜置锅中加猪油爆炒至熟，加入葱、食盐即可。有清热养肝、明目润肺之效，用于暴发火眼，目赤流泪。

【使用注意】脾胃虚寒者慎服。

68 空心菜

【别名】瓮菜、空筒菜、藤藤菜、无心菜。

【来源】旋花科植物蕹菜 *Ipomoea aquatica* Forsskal 的茎、叶。夏、秋采，一般多鲜用。

【生长特征】性喜温暖、湿润气候，耐炎热，不耐霜冻，在长江流域各湿地或水田中，4 ～ 10 月都能生长。

【性味归经】甘，寒。入胃、肠经。

【主要功效】凉血止血，清热利湿。主鼻衄，便秘，淋浊，便血，尿血，痔疮，痈肿，折伤，蛇虫咬伤。

【食用价值】含有维生素、蛋白质、钙、磷、铁等多种营养成分，是一种老少妇孺皆宜的蔬菜。空心菜是碱性食物，并含有钾、氯等调节水液平衡的元素，食后可降低肠道的酸度，预防肠道内的菌群失调，对防癌有益。其所含的烟酸、维生素 C 等能降低胆固醇、甘油三酯，具有降脂减肥的功效。空心菜中的叶绿素有“绿色精灵”之称，可洁齿防龋除口臭，健美皮肤。

【药用举例】

1. 治鼻血不止：空心菜数根，和糖捣烂，冲入沸水服。

2. 治淋浊，尿血，便血：鲜空心菜 60g 洗净，捣烂取汁，和蜂蜜服之。

【药膳举例】

1. 空心菜粥：空心菜 200g，粳米 100g，精盐少许，清水适量。将空心菜洗净切细，粳米淘洗干净；锅置火上，放适量清水、粳米，煮至粥将成时，加入空心菜、精盐，再续煮至粥成。具有清湿热、通便等功效，适用于口干口苦、尿黄等湿热较重者以及便秘等人群。

2. 空心菜饴糖膏：空心菜 1kg，白糖 120g。空心菜洗净，加水 1L 煮烂去渣滤过，加白糖同煎如饴糖状。每次 90g，每日 2 次，早晚服，未愈再服。适用于内外痔、脱肛等症。

3. 空心菜葱白汤：鲜空心菜 100g，葱白 50g。将空心菜和葱白洗净切段，置锅中一起煮汤，食盐调味。适用于维生素 B_2 缺乏症。

【使用注意】食用时要焯水，体质虚寒者勿多食。

69 茅根

【别名】丝茅草、茅草、白茅草、茅草根。

【来源】禾本科植物白茅 *Imperata cylindrica* Beauv. var. *major*（Nees）C. E. Hubb. 的干燥根茎。春、秋二季采挖，洗净，除去须根及膜质叶鞘。鲜用或晒干。

【生长特征】生于路旁向阳干草地或山坡上。

【性味归经】甘，寒。归肺、胃、膀胱经。

【主要功效】凉血止血，清热利尿。用于血热吐血，衄血，尿血，热病烦渴，黄疸，水肿，热淋涩痛，急性肾炎水肿。

【食用价值】白茅根含有芦竹素、印白茅素、薏苡素、羊齿烯醇、西米杜鹃醇、异山柑子萜醇、白头翁素、豆甾醇、β－谷甾醇、菜油甾醇、蔗糖、葡萄糖、果糖、木糖、枸橼酸、草酸、苹果酸、钾元素等。具有镇静、镇痛、消炎、利尿消肿的作用。

【药用举例】

1. 治吐血不止：白茅根 15g。水煎服。

2. 治反胃，食即吐出：白茅根、芦根各 60g。细切，以水煮，顿服。

3. 治血尿：白茅根、车前子各 30g，白糖 15g。水煎服。

【药膳举例】

1. 茅根茶：白茅根 15g，泡水喝，适用于血热烦渴、小便灼热、尿血。

2. 茅根粳米粥：白茅根 30g，水煎煮取汁，与粳米 60g 共煮成粥，每日食之，适用于血热妄行、尿血、小便不利者。

3. 茅根赤小豆粥：鲜茅根200g，赤小豆100g，粳米100g。将茅根放入砂锅内，加清水1000mL，煎至700mL，去渣取汁。加入赤小豆、粳米煮粥，待食。具有凉血补血、利尿排石的功效，适用于小便热涩刺痛，尿色深红，或夹有血块，或夹有沙石，尿道刺痛窘迫，少腹拘急，或腰腹绞痛难忍，腰膝酸软，神疲乏力等症。

【使用注意】脾胃虚寒，小便多不渴者忌服。

70 狗肉香

【别名】留兰香、绿薄荷、青薄荷、鱼香菜。

【来源】唇形科薄荷属植物留兰香 *Mentha spicata* L. 以全草入药。全年可采，鲜用或阴干。

【生长特征】留兰香对土壤要求不高，以沙质、土质松散土壤为优，酸碱度以中性土壤为宜，温度适应范围大，喜湿润，喜光。

【性味归经】辛，微温。归肺、肝、肾经。

【主要功效】解表，和中，理气。主治感冒，咳嗽，头痛，咽痛，目赤，鼻衄，胃痛，腹胀，霍乱吐泻，痛经，肢麻，跌打肿痛，疮疖，皲裂。

【食用价值】植株含芳香油，含油率0.6%～0.7%，其油称留兰香油或绿薄荷油，主要成分为香旱芹子油菇酮（含量为60%～65%），此外亦有柠檬烃、水芹香油烃等。叶、嫩枝或全草亦入药，治感冒发热、咳嗽、虚劳咳嗽、伤风感冒、头痛、咽痛、神经性头痛、胃肠胀气、跌打瘀痛、目赤辣痛、鼻衄、全身麻木及小儿疮疖。嫩枝、叶常作调味香料食用。可添加于调味品中增加料理风味，亦可单用或混合其他香药草作为提神茶。

【药用举例】

1. 治疗胃痛：狗肉香、茴香根、橘皮、佛手柑、生姜各适量。水煎服。

2. 治疗风寒咳嗽：狗肉香15g，水煎服。

3. 治皲裂：鲜狗肉香全草，捣烂敷患处。

【药膳举例】

1. 狗肉香蒸蛋：选取新鲜狗肉香叶洗净切成碎末。取 2～3 个鸡蛋，鸡蛋打碎加少量清水，搅拌均匀之后，加入切好的狗肉香叶，继续搅拌，搅拌过程中加入少量的胡椒面、白糖、食盐，隔水蒸 8 分钟即可盛出食用。适用于胃痛、胀气等症。

2. 香辣狗肉香烹狗肉：将洗净的狗肉切薄片备用，把备好的狗肉香洗净，用手撕成碎片，大蒜切片、干辣椒切去头与根备用。酱油、白糖、花椒油混合均匀做成酱汁。锅中倒入食用油，加热，将备好的蒜片放进锅中，爆出香味，之后加入狗肉，快速地炒熟煸炒出狗肉中的油脂，倒入干辣椒，以及备好的酱汁，翻炒之后再加入花椒油。炒熟后即可放入狗肉香叶，翻炒出香味之后即可出锅食用。适用于风寒感冒，头痛、咳嗽等症。

【使用注意】食用时要焯水。

71 河蚌

【别名】蚌壳，河歪，河蛤蜊，乌贝，嘎啦。

【来源】蚌科动物三角帆蚌 *Hyriopsis cumingiicles* 或褶纹冠蚌 *Cristaria plicata*（Leach）的新鲜蚌肉。3～5 龄时捕捞，割取蚌肉，除去外套膜夹裹的珍珠及残留蚌壳碎片，即得。

【生长特征】生活于江河、湖泊的泥里。

【性味归经】甘、咸，寒。归肝、肾经。

【主要功效】清热解毒，滋阴明目。用于烦热，消渴，血崩，带下，痔瘘，目赤，湿疹等症。

【食用价值】河蚌肉营养丰富，富含蛋白质、脂肪、碳水化合物、维生素 A、硫胺素、核黄素、烟酸、维生素 E 及钙、磷、钾、钠、镁、铁、锌、硒、铜、锰等元素，具有防治近视，解乙醇毒性、缓解酒后头痛脑胀脸红等不良症状，提高人体免疫力，抗癌等功效。

【药用举例】

1. 治崩漏，带下：鲜河蚌肉 60g，白果肉 15g，黄芪 12g，党参 12g，当归 9g。炖汤服。

2. 治痔疮：鲜河蚌肉半碗，洗净，先用油炒，再放少量盐、油、生姜调味，加水煮烂，共 1 碗，1 次服完。每隔 1 天早、晚各空腹服。

3. 治闭经：鲜河蚌肉 90g，陈醋 150mL。同入砂锅中，加水 200mL，煮至 250mL，每日 1 剂。

【药膳举例】

1. 河蚌腊肉豆腐汤：河蚌肉洗净放入锅中，加清水、葱、姜、料酒烧开后煮5分钟捞出后切小块；竹笋去壳切斜刀块，入清水煮5分钟捞出去除草酸；豆腐切小块入清水煮开捞出；腊肉切片。将河蚌肉、腊肉、竹笋一起放入锅里，加足量清水烧开，转小火炖1.5小时至河蚌酥软，加入豆腐再煮5分钟，调入适量盐和胡椒粉即可。具有清热解毒、滋阴明目之功效，适宜阴虚内热之人诸如消渴、烦热口干、目赤者食用。

2. 玉米须煲蚌肉：玉米须30g，鲜河蚌肉50g。二者洗净放入锅中加水煲汤。食肉喝汤，隔日服食1次。适用于高血压，糖尿病，急、慢性肾炎水肿，泌尿系结石，尿路感染，胆囊炎，胆石症等的辅助治疗。

【使用注意】脾胃虚寒、腹泻便溏之人忌食。

72 河虾

【别名】青虾、虾米。

【来源】长臂虾科日本沼虾 *Macrobranchium nipponense*(deHaan)全体或肉。全年均可捕捉，鲜用或干燥备用。

【生长特征】生活于淡水湖泊、河流中。

【性味归经】甘，微温。归肝、胃、肾经。

【主要功效】补肾壮阳，通乳，托毒。主治肾虚阳痿，产妇乳少，麻疹透发不畅，阴疽，恶核，丹毒，臁疮。

【食用价值】河虾的营养价值很高，富含蛋白质、脂肪、钙、磷、铁、维生素 A、维生素 B_1、维生素 B_2、维生素 E、烟酸等。其中钙的含量为各种动植物食品之冠，特别适宜于老年人和儿童食用。具有补肾壮阳、抗早衰、防止动脉硬化、增强人体免疫力和性功能等功效，对预防高血压及心肌梗死有益，对身体虚弱以及病后需要调养的人是极好的食物，对肾虚阳痿、畏寒、体倦、腰膝酸痛等病症有辅助治疗作用。

【药用举例】

1. 治肾阳不足，阳痿精少：河虾 500g，蛤蚧 1 对（或 120g），小茴香、花椒各 60g。以食盐 10g，白酒 200mL，炒至香脆，研为细末，每次服 1 匙，每日 2 次，温开水送下。

2. 治产后缺乳：河虾 500g，洗净，取净肉捣烂，黄酒热服，少时乳至，再用猪蹄汤饮之，一日数次。

3. 治枪伤、刀伤：河虾、地牯牛、蓖麻籽各适量，捣烂外敷伤口，每日 1 次。

【药膳举例】

1. 韭菜炒鲜虾：韭菜（白色鳞茎最好）150g，鲜河虾 240g。用食油、食盐适量，共炒熟食。具有补肾壮阳的功效，适宜于肾虚阳痿、遗精、遗尿、腰脚无力的人群。

2. 青椒炒河虾：新鲜河虾 250g，青椒、盐适量。将河虾洗净，用剪刀去除虾须和头部的硬刺，把处理好的虾和青椒切成丁。锅中放油，烧热，先倒青椒翻炒，青椒味道出来后，把虾倒入锅里，虾壳变色后，加盐。快速翻几下，即可出锅。具有增加食欲、帮助消化、增强人体免疫力、缓解神经衰弱、预防动脉硬化的作用。

3. 河虾煮甜酒：鲜河虾 200g，甜酒汁 250mL。将鲜河虾洗净，用甜酒汁煎煮河虾，虾和汤热服，每日 1 剂。适用于产后乳少。

【使用注意】阴虚火旺者忌食，过敏者忌食。

73 知了

【别名】鸣蝉、秋蝉、蚱蟟。

【来源】蝉科昆虫黑蚱 *Cryototympa na pustulata* Fabr. 的全虫。6～7月间捕捉，捕得后蒸死，晒干。

【生长特征】栖于杨、柳、榆、槐等树上。分布于我国辽宁以南的大部分地区。

【性味归经】咸、甘，寒。归肝、肺经。

【主要功效】清热定惊。用于小儿惊悸，夜啼。

【食用价值】知了富含氨基酸、蛋白质、微量元素、几丁质甲壳素、腺苷三磷酸酶等，对促进生长发育、补充机体代谢的消耗、体虚患者康复等，都有很好的辅助治疗作用。

【药用举例】

1. 治小儿风热惊悸：知了15g（去翅、足，微炒），茯神15g，龙齿9g（细研），麦冬15g（去心，焙），人参9g（去芦头），钩藤9g，牛黄6g（细研），蛇蜕3g（烧灰），杏仁6g。捣为散，每次1.5g，根据小儿年龄，加减服之。

2. 治初生儿百日内发痫：知了（煅）、赤芍各9g，黄芩6g。研为末，水一小盏，煎至15mL，去渣服。

【药膳举例】

孜然知了：知了200g，酥糊（鸡蛋1个，粉芡30g，色拉油20g，孜然粉20g，辣椒面15g，盐5g），色拉油1500g（约耗60g）。将知了清洗干净，加葱姜、料酒、盐腌制入味；将腌制的知了入烤箱200℃烤制约1小时，取出后挂酥糊炸至外酥里嫩；将炸好的知了放入锅内，撒入孜然粉和辣椒面即可。其营养丰富，能增进食欲，促进体虚患者的康复。

【使用注意】体质过敏及体质虚寒者忌食。

74 泥鳅

【别名】鳅鱼。

【来源】鳅科动物泥鳅 *Misgurnus anguillicaudatus*（Cantor）的全体。常年均可捕捞，捕后，除去内脏，洗净，鲜用或晒干。

【生长特征】长江中下游、渠江及其附属湖泊、水体之中。

【性味归经】甘，平。归脾、肝、肾经。

【主要功效】补益脾肾，利水，解毒。用于脾虚泻痢，热病口渴，消渴，小儿盗汗，水肿，小便不利，阳事不举，病毒性肝炎，痔疮，疔疮，皮肤瘙痒。

【食用价值】泥鳅中含有蛋白质、碳水化合物、脂肪、多种维生素及多种矿物质，还有丰富的不饱和脂肪酸，营养十分丰富，是高蛋白、低脂肪食物，可以为人体补充丰富的营养，是一种滋补佳品。其中的不饱和脂肪酸，可以降胆固醇、降甘油三酯、扩张血管，能够起到预防心脑血管疾病的作用；而且，泥鳅中含有丰富的赖氨酸，可以养肾生精，起到补肾壮阳的作用。

【药用举例】

1. 治小儿盗汗：泥鳅 200g，去内脏后，洗净黏液，用油煎至焦黄，加水 1 碗半，煮汤至半碗，也可用盐调味。每日 1 次，幼儿分次服，连服数日。

2. 治营养不良性水肿：泥鳅 90g，大蒜头 2 个。猛火炖吃，不加盐，连续吃几次。

【药膳举例】

1. 泥鳅豆腐白菜汤：泥鳅500g放入带盖的桶中，加盐、料酒、醋，盖上盖子，约1小时左右，泥鳅就死去了，将其放在盆中去掉头及内脏，冲洗干净，放入锅中，加清水，大火煮2分钟，捞出备用；再取豆腐适量，切成4cm×4cm见方，0.5cm厚的块，蘸蛋清后，先在油里煎至焦黄，再加入葱、姜、蒜和适量盐，炒出香味后，加入适量水，大火烧开，改小火，等汤汁变白后，加入白菜叶适量，同时将煮好的泥鳅放入，炖熟后即可。具有补气虚、暖脾胃、止虚汗的功效，适合因身体虚弱、脾胃虚寒、营养不良而盗汗的小儿。

2. 泥鳅煮冬瓜：泥鳅250g，冬瓜250g。冬瓜去皮切块与泥鳅共入锅中，加水煮熟，调作料即可。适用于气血亏损所致水肿。

【使用注意】服荆芥、犬肉者禁食用，服何首乌者忌服用。

75 荠菜

【别名】护生草、芊菜、鸡心菜、地米菜、鸡脚菜。

【来源】十字花科植物荠菜 *Capsella bursa-pastoris*(L.)Medic. 的带根全草。3～5月采收，洗净，鲜用或晒干。

【生长特征】生长于田野、路边及庭园。

【性味归经】甘、淡，凉。归肝、脾、膀胱经。

【主要功效】清热利湿，平肝明目，凉血止血，和胃消滞。用于肾炎水肿，尿痛，尿血，便血，月经过多，目赤肿痛，小儿乳滞，腹泻，痢疾，乳糜尿，高血压。

【食用价值】含蛋白质、膳食纤维，草酸、苹果酸、酒石酸等多种有机酸，精氨酸、天冬氨酸、脯氨酸等10余种氨基酸以及胡萝卜素、维生素 B_1、维生素 B_2、维生素C、烟酸、维生素E和钙、磷、铁、钾、钠、镁、锌、硒等元素，具有健胃消食、化积消滞、降压降脂、消炎抗菌、增强机体免疫力的功效。

【药用举例】

1. 治内伤吐血：荠菜30g，蜜枣30g。水煎服。

2. 治崩漏及月经过多：荠菜30g，龙芽草30g。水煎服。

3. 治高血压病：荠菜60g，夏枯草60g。水煎服。

【药膳举例】

1. 荠菜煮鸡蛋：准备荠菜、鸡蛋、老姜、红枣、红糖适量。将荠菜洗净后与鸡蛋、生姜、红枣同时放入锅中，先用武火煮至水沸，然后变文火再煮5分钟后将鸡蛋壳轻轻敲碎，再煮数分钟，让汁水慢慢浸透鸡蛋即可。蛋可以直接食用，取锅中汤加入红糖少许趁热服用，有凉血止血、利尿除湿之功效。适用于妇女崩漏、月经过多及尿血、吐血、咯血、热淋、水肿、小便不利、肝热目昏、目赤、眩晕、头痛等人群。

2. 荠菜茶：准备新鲜荠菜 200g。将荠菜洗净后煮水代茶饮，有清热止泻之功效。适用于痢疾、慢性腹泻等人群。

3. 荠菜大枣汤：准备荠菜 200g，大枣 6 枚。将荠菜、大枣洗净后放入锅内，加适量清水煮开 5 ～ 7 分钟煎汤服用即可，有凉血止血之功效。适用于内伤吐血等人群。

【使用注意】体质虚寒、便溏者慎食，孕妇与哺乳中的妇女忌食，有实火邪热者忌食，中塞有痞者忌食。

76 草莓

【别名】洋莓、地莓。

【来源】蔷薇科植物草莓 *Fragaria ananassa* Duch. 的果实。6～7月果实成熟时采收。

【生长特征】草莓喜温凉气候，为喜光植物，但又有较强的耐阴性。宜生长于肥沃、疏松中性或微酸性土壤中。

【性味归经】甘、微酸，凉。归脾、胃、肺经。

【主要功效】清凉止渴，健胃消食。主治口渴，食欲不振，消化不良。

【食用价值】草莓营养价值丰富，被誉为“水果皇后”，含有丰富的维生素C、维生素A、维生素E、维生素PP、维生素B_1、维生素B_2、胡萝卜素、膳食纤维、鞣酸、天冬氨酸、草莓胺、果胶、纤维素、叶酸、铁、铜、钙、磷、镁、鞣花酸与花青素等营养物质。具有保护视力、促进消化、改善便秘、预防心血管疾病和防癌抗癌等功效，除可鲜食外，还可加工成果汁、果酱、果酒等。

【药用举例】

1. 治干咳无痰，日久不愈：鲜草莓6g与冰糖30g一起隔水炖服，每日3次。

2. 治风热咳嗽：草莓30g，雪梨1个，绞汁服，每日3次。

【药膳举例】

1. 草莓奶茶：准备草莓10枚，牛奶200mL。将草莓洗净后与牛奶一起放入榨汁机里，再放入冰糖一起榨汁即可。有清热解毒、润肺生津、滋阴养血之功效，适用于贫血、食欲不振、口干等人群。

2. 草莓面包：准备草莓 2～3 枚，面包 2 片。将草莓洗净后切成两片，在面包上涂上蜂蜜，再将草莓放在涂有蜂蜜的面包上，再将另外一片面包压在上面即可。有补虚益气、生津之功效，适用于风热咳嗽、咽喉肿痛、声音嘶哑等人群。

3. 草莓橘瓣汁：鲜草莓 200g，鲜橘子 10g，白糖 100g，水 500mL。橘子剥皮、分瓣，与鲜草莓同放入砂锅中，加白糖水，用旺火煮开 3 分钟即可盛起。具有生津和胃的功效，适用于脾胃不和、食欲不振人群。

【使用注意】脾胃虚寒、肺寒咳嗽、尿路感染、湿热较盛者不宜多食。

77 扁豆

【别名】白扁豆、南扁豆、眉豆、峨眉豆、羊眼豆。

【来源】为豆科植物扁豆 *Dolichos lablab* L. 的果荚。嫩荚和嫩豆鲜食，成熟的白色种子晒干药用。

【生长特征】长江以南栽培较多，喜温暖湿润气候，怕寒霜，喜肥沃、排水良好的沙质土壤。

【性味归经】甘，微温。归脾、胃经。

【主要功效】健脾化湿，和中消暑。用于脾胃虚弱，食欲不振，大便溏泻，白带过多，暑湿吐泻，胸闷腹胀。

【食用价值】扁豆的食用主要是以嫩荚和嫩豆作蔬菜，但嫩荚和鲜豆含氢氰酸及一些抗营养因子，食前应充分煮熟。扁豆含蛋白质、碳水化合物、膳食纤维、维生素 A、维生素 B_1、维生素 B_2、维生素 E、烟酸，以及钾、磷、钙、镁、铁、锌、硒等元素，具有抗病毒、降血糖、预防便秘、抗癌防癌、增强细胞免疫功能等功效。

【药用举例】

1. 治脾胃虚弱，饮食不进而呕吐泄泻者：扁豆（微炒）12g，莲子肉 9g，薏苡仁 9g，缩砂仁 6g，桔梗 6g，白茯苓 15g，人参 15g，甘草 10g，白术 15g，山药 15g。上为细末，每次 6g，枣汤调下，小儿量岁数加减服。

2. 治心、脾、肠热，口舌干燥生疮：扁豆（炒）、蒺藜（炒）各 60g，捣碎，取 15g，水煎服，每日 3 次。

【药膳举例】

1. 清炒扁豆：准备扁豆500g，食盐等调料适量，将扁豆云蒂折成小块，用水清洗后备用。锅里放菜油适量烧热后放入扁豆翻炒熟，出锅前洒上食盐等调味即可。具有止泻利、健脾益气、除湿热之功效，适用于脾虚兼湿、食少便溏、湿浊下注、带下过多、暑湿伤中、糖尿病等人群。

2. 扁豆茯苓散：炒扁豆30g，茯苓15g。研为细末，每次3g，加红糖适量，沸水冲调服。具有健脾除湿、利尿消肿之效，适用于脾虚水肿的人群。

3. 扁豆清暑汤：扁豆15g，香菇6g，鲜荷叶半张，同煮至扁豆熟，取汁加白糖适量饮服。可作为家庭夏季饮料，能清暑热，适用于伤暑头痛吐泻人群。

【使用注意】患寒热病者，不可食。患疟者忌之。

78 柑子

【别名】瓯柑、乳柑、真柑。

【来源】芸香科植物茶枝柑 *Citrus chachiensis* Hort. 等多种柑类的成熟果实。秋季果实成熟时采收，鲜用。

【生长特征】喜温暖湿润气候，土壤肥沃，土层深厚。

【性味归经】甘、酸，凉。归脾、胃、膀胱经。

【主要功效】生津止渴，醒酒利尿。主治胸热烦满，口渴欲饮，醉酒，小便不利等。

【食用价值】富含葡糖糖、果糖、蔗糖、苹果酸、枸橼酸、蛋白质、脂肪、碳水化合物、膳食纤维、维生素 C、维生素 A、钾、钙、磷、镁，具有软化血管、清利咽喉、生津止渴、抗炎、抗过敏、降压降脂、祛痰平喘、利尿的功效。

【药用举例】

1. 治老年慢性支气管炎咳嗽：柑子 1 个（连皮）放于碗中，加冰糖 25g，生姜 3 片，水适量，隔水蒸 30 分钟，食柑喝汤，每日 3 次。

2. 治胃阴不足，咽干口渴，或饮酒过度：柑子 2 个，甘蔗 1000g，绞汁饮。

【药膳举例】

1. 柑子汁：柑子 1 个，牛奶 1 袋。将柑子去皮放入榨汁机里，加入牛奶一起打成汁即可，有祛痰止咳、生津润肺之功效，适用于脾胃气滞、胸腹胀闷，胃肠燥热，风寒咳嗽等人群。

2. 桂花银耳柑羹：柑子250g，银耳30g，冰糖150g，湿淀粉适量，糖桂花少许。柑子洗净去皮，银耳温水浸泡软后摘去根蒂，洗净，放入碗内，加少量清水，上笼蒸约1小时取出，锅放火上，将蒸好的银耳连汤倒入，然后加入冰糖煮沸，撇去浮沫，再放入柑子复煮沸，用湿淀粉勾兑，再放入糖桂花，出锅装碗即成。具有醒酒生津、润肺止咳的功效，适于饮酒过度、肠胃积热、小便不利、口干烦渴、阴虚久咳患者，无病者食之可强身健体。

【使用注意】脾、胃、肝、肾虚寒者忌服，久病痰寒者忌食，老人不宜多吃，常人也不宜过量食用，多食容易引起口角生疮、目赤肿痛、痔疮，引起手掌、手指、鼻唇沟发黄。

79 柚子叶

【别名】臭橙叶。

【来源】为芸香科植物柚 *Citru smaxima*（Burm.）Merr. 的叶子。6～10 月采叶，鲜用或晒干。

【生长特征】喜欢生长在温暖潮湿的地方，不耐干旱，栽培于丘陵或低山地带，每年春秋雨季时栽培最为适宜。

【性味归经】辛、苦，温。归脾、肝经。

【主要功效】行气止痛，解毒消肿。主治头风痛，寒湿痹痛，食滞腹痛，乳痈，扁桃体炎，中耳炎。

【食用价值】柚子叶富含精油，主要由烯、醇、酮、醛、酸、酯及氧化物类化合物组成。柚子叶挥发油含量最高的为斯巴醇，挥发油中还含有大量的天然香料及合成香料的原料、糖类、有机酸、维生素、矿物质及黄酮类物质，有促进身体代谢、排毒养颜、减肥瘦身、软化血管的功效。柚子叶可以做柚子叶糍粑，也常作为香料加入炒乳猪肉和狗肉。

【药用举例】

1. 治头风痛：柚子叶同葱白捣，贴太阳穴。

2. 治关节痛：柚子叶 5 片，生姜 4 片，桐油 20g。共捣烂敷患处。

3. 治中耳炎：鲜柚子叶适量，捣烂绞汁，滴耳内，每日 2～3 次。

4. 治乳痈：柚子叶 4～7 片，青皮、蒲公英各 30g。水煎服。

【药膳举例】

1. 柚子叶蒲公英茶：准备柚子叶 50g，青皮 50g，蒲公英 50g。将柚子叶、青皮、蒲公英用水清洗干净后备用，放入砂锅里加放适量水煎成汁温服。有消肿散结之功效，适用于乳痈、急性乳腺炎、乳汁淤积等人群。

2. 柚子叶炒乳猪肉：柚子叶 100g，乳猪肉 500g，花生油、食盐少许。柚子叶洗净切段，乳猪肉切丁，热油起锅，爆炒乳猪肉丁，加入柚子叶炒翻一下后加少量清水，文火焖煮 5 分钟，加入食盐调味即可。具有芳香化湿、理气解郁的功效。

【使用注意】正在服药和身体寒凉的人群不宜食用。

80 香椿

【别名】椿木尖、椿尖叶。

【来源】楝科植物香椿 *Toona sinensis*（A.juss.）Roem. 的嫩芽。春季嫩芽长出时采集，鲜用或晒干。

【生长特征】喜温，抗寒能力随苗树龄的增加而提高。香椿喜光，较耐湿，适宜生长于河边、宅院周围肥沃湿润的土壤中，一般以沙壤土为好，适宜的土壤 pH 值为 5.5 ～ 8.0。

【性味归经】苦，平。归肝、肾、胃经。

【主要功效】消炎，解毒，杀虫。治肠炎，痢疾，疔，疽，漆疮，疥疮，白秃。

【食用价值】香椿是一种高营养的时令蔬菜，被誉为“树上蔬菜”。其含有丰富的蛋白质、脂肪、碳水化合物、维生素 B、维生素 C、胡萝卜素以及钙、镁、钾、磷等重要营养元素，具有健脑、抗氧化、健胃等保健作用。

【药用举例】

1. 治赤白痢疾：椿叶 30 ～ 60g。酌加水煎服。

2. 治唇上生疔：香椿叶捣烂，和酒饮之。

3. 治呕吐：香椿叶 20g，生姜 3 片。水煎服，每日 2 次。

【药膳举例】

1. 凉拌椿木尖：准备椿木尖 500g，调料适量。将椿木尖清洗干净后备用，锅里放入适量水烧开，再放入椿木尖汆水断生捞出沥干放入大碗中，再根据自己的口味加入调料拌匀即可。有开胃生津之功效，适用于食欲不振、消化不良等人群。

2. 香椿炒鸡蛋：准备椿木尖200g，鸡蛋3个，食盐等调料适量。将椿木尖洗净下沸水稍焯后切成小段备用，锅内放菜油适量烧热，放入椿木尖翻炒断生，打入鸡蛋继续翻炒成熟，出锅前洒上食盐等调料即可。有补虚强身、滋阴润燥、泽肤健美之功效，适用于体虚、目赤、营养不良、白秃、免疫力低下等人群。

3. 香椿拌豆腐：豆腐500g，椿木尖50g。豆腐切块加清水煮沸，沥水，切小丁装盘中，椿木尖洗净，开水中稍焯，切成碎末，加盐、味精、麻油拌匀后浇在豆腐上即可食用。适用于心烦口渴、胃脘痞满、目赤、口舌生疮等人群。

【使用注意】香椿吃前要焯一下，多食令人神昏、血气微。有宿疾者禁食。

81 秋葵

【别名】毛茄、羊角豆、洋辣椒。

【来源】锦葵科植物咖啡黄葵 *Abelmoschus esculentus*（L.）Moench 的果荚。于 9 ～ 10 月果成熟时采摘。

【生长特征】喜温暖气候，不耐寒，适宜生长于深厚肥沃土壤、阳光充足之地。

【性味归经】淡，寒。归肺、肝、肾经。

【主要功效】利咽，通淋，下乳，调经。主治咽喉肿痛，小便淋涩，产后乳汁稀少，月经不调。

【食用价值】黄秋葵可食部分含有充足的蛋白质，游离氨基酸和矿物质以及丰富的维生素，如维生素 A、维生素 C 等，具有营养滋补和保健养生的功效。果实中含有自由胶和多糖等构成的黏性物质，具备增进胃肠蠕动、防止便秘的功能。常食秋葵有保护皮肤、助消化健胃、理肠胃、清肝毒以及壮阳健肾、增强人体免疫力的功效。

【药用举例】

1. 治咽喉热痛：秋葵、辛夷花各 9g，薄荷 3g。水煎服。

2. 治热淋涩痛：秋葵、白茅根、车前草各 10g。水煎服。

【药膳举例】

1. 凉拌秋葵：秋葵 250g。秋葵洗净，沸水中烫三五分钟，烫熟后蘸掺有蒜末、辣椒末的酱油食用。适用于消化不良、大便秘结等症。

2. 豆皮秋葵卷：秋葵250g，豆腐皮250g，虾皮粉30g。秋葵在沸水中烫5分钟，烫后的秋葵，卷上豆腐皮，再撒点虾皮粉，蒸熟后蘸生抽食用。适用于中老年骨质疏松。

3. 肉丝炒秋葵：秋葵250g，猪肉100g。秋葵洗净切成寸段后再纵切成丝，猪肉切丝，加料酒、酱油、盐、姜末、淀粉拌匀，腌片刻待用。烧热炒锅，放油，放入腌好的肉丝，炒至散开，放入秋葵丝，共同炒熟即可。适用于病后体虚及老年人食用。

【使用注意】食用时要焯水。该品性寒，脾胃虚寒的人群不宜大量食用。

82 洋桃子

【别名】猕猴桃、洋桃、阳桃、藤梨。

【来源】猕猴桃科植物猕猴桃 *Actinidia chinensis* Planch. 的果实。秋季摘果，鲜用或晒干。

【生长特征】生长于山地林间或灌丛中，常绕于他物上。喜温暖潮湿环境，常生长在年平均气温 10℃以上、相对湿度 70% ～ 80%、年降水量 1000mm 的阴湿隐蔽的森林边缘荒坡、灌木丛中。

【性味归经】甘、酸，寒。归胃、肝、肾经。

【主要功效】清热解热，止渴，健胃，通淋，润肠通便。主治烦热，消渴，消化不良，湿热黄疸，石淋，痔疮。

【食用价值】猕猴桃中含有大量营养物质如膳食纤维，维生素，氨基酸，铁、钙、镁、硒等矿物质元素，以及多糖、多酚、黄酮化合物等功能性成分，具有清除活性氧自由基、抗脂质过氧化、抑肿瘤、降血脂、提高免疫功能等方面的生物活性和价值。

【药用举例】

1. 治食欲不振，消化不良：洋桃子干果 30g，水煎服。

2. 治烦热、消渴：取洋桃子瓤 30g 和少许蜜加水共煎。

3. 治便秘：洋桃子鲜果 100g，去皮后服用，有润肠通便的作用。

4. 治急性肝炎：鲜洋桃子 60g，白马骨 60g，茵陈 15g。水煎服，每日 1 剂。

【药膳举例】

1. 洋桃子藕汁饮：洋桃子鲜果 90g，鲜藕节 50g，生姜 9g，蜂蜜 20g。洋桃子去皮取果肉，藕节、生姜洗净后，三者同捣烂如泥，拌入蜂蜜，加温开水 100mL，每日早晚各饮 1 次。适用于口渴口臭、大便秘结等症。

2. 洋桃子干：新鲜洋桃子适量，将其去皮，横切成片，通风处阴干，早晚各食 3 ～ 5 片。适用于高血脂、高血压、动脉粥样硬化人群。

3. 洋桃子羹：洋桃子 200g，苹果 1 个，香蕉 2 根，白糖、湿淀粉各适量。将洋桃子、苹果、香蕉洗净去皮，切成小丁，一起放入锅内，加适量水煮沸，再加白糖，用湿淀粉勾芡，出锅即成。适用于烦热、消渴、食欲不振、消化不良人群。

【使用注意】洋桃子性寒凉，经常腹泻的脾胃虚寒者应慎食，胃酸分泌多者不宜食用。

83 茶

【别名】茶叶、苦茶、茶树、茗。

【来源】山茶科植物茶 *Camellia sinensis*（Linnaeus）Kuntze 的芽叶。以清明前后枝端初发嫩叶时，采摘其嫩芽除去杆及杂质，用特殊的加工方法制成。

【生长特征】喜温暖湿润气候，怕旱、怕寒、怕涝、怕盐碱。茶树虽能耐阴，适宜生长地区年平均气温为 15℃～ 25℃之间。

【性味归经】苦、甘，凉。归心、肺经。

【主要功效】清头目，除烦渴，化痰，消食，利尿，解毒。用于头痛、目晕、多睡、善寐、心烦口渴、食积痰滞、疟和痢等症。

【食用价值】茶叶中主要活性成分如茶多酚、茶氨酸、茶色素、茶多糖、维生素 E、黄酮类物质等，已被证实具有抗菌、抗病毒、抗肿瘤、抗氧化、改善心血管疾病等一系列特殊保健功能。

【药用举例】

1. 治食积：干嫩茶叶 9g。泡水服。

2. 治风热上攻，头目昏痛及头风热痛不可忍：川芎 30g，细芽茶 9g，白芷 15g，薄荷 9g，荆芥 12g。将上方研末，每次 6 ～ 9g，用茶水送服。

3. 治痰火发狂：鲜嫩茶叶 120 ～ 240g。水煎服。

【药膳举例】

1. 芝麻豆子茶：茶叶10g，黑芝麻6g，黄豆6g，山楂6g。黑芝麻、黄豆慢火炒香，山楂切小片，与备好的茶叶一块放入茶杯中，开水冲泡5分钟，待温后可饮用。适用于油腻食积、脘闷不饥等症。

2. 浓茶饮：茶叶15g，开水300mL冲泡5分钟，待温后含漱口，每日十余次，泡后的茶叶放入口中反复咀嚼后吐出，清水漱口。适用于口舌生疮、牙龈肿痛、口腔溃疡等症。

3. 土家油茶汤：用食用油炸适量茶叶至蜡黄后，加水于锅中，加姜、蒜、葱、胡椒粉等，水一沸便舀入碗中，加上事先炒好的炒米、玉米花、核桃仁、黄豆、花生米等，即可食用。具有消暑开胃、提神解乏、祛湿暖身之效。

【使用注意】失眠及习惯性便秘者禁服，服人参、土茯苓及含铁药物者禁服，脾胃虚寒者慎服，服使君子饮茶易致呃，过量易致呕吐、失眠等。

84 茶泡

【别名】茶苞、茶匏、茶桃、山茶苞。

【来源】山茶科植物油茶 *Camellia oleifera* Abel. 果叶结出的异果，清明节前后采集。

【生长特征】喜温暖湿润气候。怕旱、怕寒、怕涝、怕盐碱。茶树虽能耐阴，适宜生长地区年平均气温为 15℃～ 25℃之间。

【性味归经】微苦、甘，凉。归心、肺经。

【主要功效】清热解毒，消肿止痛。用于热毒以及烫伤肿痛。

【食用价值】茶泡含有大量的不饱和脂肪酸，特别是亚油酸，亚麻酸等物质含量较高，具有很强的抗氧化能力，可以保护心血管和延缓衰老。

【药用举例】

治烧烫伤引起的肿痛：茶泡果适量捣碎成泥状，直接外敷在受伤的部位，每日 1 ～ 2 次。

【药膳举例】

1. 凉拌茶泡：取茶泡适量洗净，切成小片。将茶泡放入开水中煮 3 ～ 5 分钟捞出，放入冷水中过一下，沥干水分，放进盘子里。加入少量葱、姜、蚝油、生抽和香油，与茶泡混合拌匀。适用于热毒长疮人群。

2. 茶泡炒肉：取茶泡适量，洗净焯水后切成丝，适量猪瘦肉切丝备用。热锅放入少许食用油烧热，放入生姜、花椒煸香，再放入猪肉炒香后加生抽、料酒，最后将茶泡放入锅里炒熟，加上少许食盐即可。适宜于动脉硬化、血脂高的人群。

【使用注意】茶泡偏寒凉，脾胃虚寒者慎用，年老体虚者不宜多食。

85 绞股蓝

【别名】七叶胆、小苦药、落地生、遍地生根。

【来源】葫芦科植物绞股蓝 *Gynostemma pentaphyllum*（Thunberg）Makino 的地上部分。夏、秋季枝叶茂盛时，采割地上部分，除去杂草，洗净，鲜用或晒干。

【生长特征】生于海拔 100 ～ 3200m 的山谷密林中、山坡疏林下或灌丛中。喜温暖气候，喜阴湿环境，忌烈日直射，耐旱性差。

【性味归经】苦，寒。归肺、脾、肾经。

【主要功效】补虚，清热，解毒。用于体虚乏力，虚劳失精，白细胞减少症，高脂血症，病毒性肝炎，慢性胃肠炎，慢性气管炎。

【食用价值】绞股蓝中主要含有皂苷和多糖，另外还含有黄酮类化合物、氨基酸、萜类、有机酸、生物碱、蛋白质、脂肪、维生素、胡萝卜素、纤维等多种成分以及锌、铜、镁、铁、锰、硒等元素，素有南方人参之称，具有抗疲劳、提高免疫力、降血脂等多方面的保健价值，在食品、保健品等领域应用前景广阔。

【药用举例】

1. 治劳伤虚损，遗精：绞股蓝 15g，水煎服，每日 1 剂。

2. 治高脂血症：绞股蓝、陈皮各 10g，煮水代茶饮。

3. 治糖尿病：绞股蓝 15g，黄精 15g，地骨皮 15g，太子参 15g，天花粉 15g，山茱萸 10g，玄参 10g。水煎服，每日 1 剂。

【药膳举例】

1. 绞股蓝黑米粥：绞股蓝鲜嫩茎叶150g，黑米100g。黑米洗净加水适量，煮粥，绞股蓝嫩叶洗净，切碎；粥熟后，下绞股蓝，加冰糖，调匀食用。适用于脾胃虚弱、大便不能、头发早白等。

2. 绞股蓝灵芝茶：绞股蓝15g，灵芝6g。绞股蓝及灵芝洗净共煮水或泡茶频饮，适用于高血压、高血脂、高血糖、脂肪肝等人群。

3. 绞股蓝红枣汤：绞股蓝10g，红枣5枚。二者同煮至红枣熟，喝汤吃枣。具有抗疲劳、促深睡、提高思维能力及记忆力的作用。

【使用注意】虚寒证忌用。

86 香瓜

【别名】甜瓜、甘瓜、白兰瓜。

【来源】葫芦科植物甜瓜 *Cucumis melo* L. 的果实。7～8月果实成熟时采收，鲜用。

【生长特征】生于田边路旁，喜温暖气候。耐热，不耐寒，喜光，耐旱。

【性味归经】甘，寒。归心、胃经。

【主要功效】清暑热，解烦渴，利小便。主治暑热烦渴，小便不利，暑热下痢腹痛。

【食用价值】每100g甜瓜瓤肉内含蛋白质0.4g，脂肪0.1g，碳水化合物6.2g，钙29mg，磷10mg，铁0.2mg，胡萝卜素0.03mg，硫胺素0.02mg，核黄素0.02mg，烟酸0.3mg，抗坏血酸13mg。此外，甜瓜中还含有可以将不溶性蛋白质转变成可溶性蛋白质的转化酶。甜瓜子含脂肪油27%，其中有亚油酸、油酸、棕榈酸、硬脂酸及豆蔻酸的甘油酸、卵磷脂、胆固醇等，含球蛋白及谷蛋白约5.78%，另含乳糖、葡萄糖、树胶、树脂等。甜瓜蒂含甜瓜素及葫芦素B、E等结晶性苦味质。一般人都可以食用，夏季烦热口渴者、口鼻生疮者、中暑者尤其适合食用。

【药用举例】

1. 治热渴：以香瓜1个去皮，饭后缓缓食之。
2. 治脓血恶痢，痛不可忍：以水浸甜瓜数枚，食之即愈。
3. 治便秘：鲜香瓜500g，每天早晚各服1次。

【药膳举例】

1. 香瓜粉：香瓜子 60g，将香瓜子晒干碾成细粉，每次 6g，开水送服，每日 2 次。适用于治慢性气管炎。

2. 香瓜子酒：甜瓜子 90g，白酒 500mL，甜瓜子晒干，浸入白酒中 10 日，取出甜瓜子曝干后，碾成细末。每次 15g，空腹温酒调下，每日 3 次。适用于治无故腰腿疼痛难忍。

3. 香瓜汁：香瓜 500g，洗净去皮，榨成果汁喝。具有预防中暑的作用。

【使用注意】脾胃虚寒，腹胀便溏者忌服。

87 南瓜

【别名】番南瓜、饭瓜、番瓜、倭瓜。

【来源】葫芦科植物南瓜 *Cucurbita moschata*（Duch. ex Lam.）Duch. ex Poiret 的果实。夏，秋果实成熟时采收。鲜用或晒干。

【生长特征】生长或栽培于屋边、园地及河滩边。喜温暖气候，不耐高温、不耐低温、喜光。

【性味归经】甘，平。归肺、脾、胃经。

【主要功效】补中益气，生津止咳，消肿止痛。用于肺痈，消渴，烧烫伤，黄蜂或蜜蜂刺伤。

【食用价值】南瓜营养丰富且全面，果实内含有糖类（包括淀粉、葡萄糖、果胶、果糖、戊聚糖、甘露醇、其他膳食纤维等）、维生素、蛋白质、多种氨基酸、脂肪等成分。在三大产热营养素中，南瓜以碳水化合物为主，脂肪含量很低，为很好的低脂食品。南瓜中含有较丰富的无机盐和微量元素，对维持肌体健康具有极其重要的作用。南瓜作为高钙、高锌、高铁、低钠食品，特别适合中老年人和高血压患者食用，有利于预防骨质疏松症和防治高血压。

【药用举例】

1. 治火药伤人及烫伤：生南瓜适量捣敷。

2. 治肿疡：老南瓜晒干，研末，黄醋调敷患处。

【药膳举例】

1. 南瓜米饭：南瓜 500g，大米 50g。大米淘净，加水煮至七八成熟，滤起。南瓜去皮去瓤，切成块，用油、盐炒过后，将过滤的大米倒在南瓜上，慢火煮熟后食用。适用于有乏力、懒言、脱肛等中气不足症状的人群。

2. 南瓜粉：南瓜500g。南瓜去皮去瓤，干燥后碾成细粉，陶瓷瓶密封保管，每次50g，每日2次，开水调服，连服2～3个月。适用于糖尿病人群。

3. 南瓜粥：南瓜200g，粳米100g。把南瓜洗净（老者可去皮），去瓤，切成小块。再将粳米洗净，一同放入适量的开水锅内小火煮熬，待米烂熟成粥时即可。具有补中益气、驱虫利水的功效，适用于中气不足、消渴、小便不利、手足浮肿等人群。

【使用注意】凡患气滞湿阻之病者忌服。

88 胡萝卜

【别名】黄萝卜、胡芦菔、丁香萝卜。

【来源】伞形科植物胡萝卜 *Daucus carota* var. *sativa* Hoffm. 的根。冬季采挖根部，除去茎叶、须根，洗净。鲜用或晒干。

【生长特征】对气候的选择不严，到处可栽培，但性喜冷凉，喜充足日光。适宜于中性土种植，在微酸性和微碱性的土中，也能生长良好。

【性味归经】甘、辛，平。归脾、肝、肺经。

【主要功效】健脾和中，滋肝明目，化痰止咳，清热解毒。主治脾虚食少，体虚乏力，脘腹痛，泻痢，视物昏花，雀目，咳喘，百日咳，咽喉肿痛，麻疹，水痘，疖肿，烫火伤，痔漏。

【食用价值】胡萝卜无论是生食还是熟食，都有很高的营养价值，并对一些疾病有辅助治疗作用。胡萝卜含有胡萝卜素，胡萝卜素通过消化酶的作用，可转化为维生素 A，维生素 A 可提高机体的免疫功能。胡萝卜含有维生素 B_1、维生素 B_2、维生素 C、烟酸和钙、磷、钾、铁等无机盐。其中琥珀酸钾盐有降血压的作用。维生素 A 和 B 对润泽皮肤、消除皱纹、消除斑点有一定作用。胡萝卜中的胡萝卜素可消除致人衰老的有害物自由基。

【药用举例】

1. 治麻疹：胡萝卜 125g，芫荽 90g，荸荠 60g。加多量水熬成 2 碗，为 1 日服量。

2. 治百日咳：胡萝卜 125g，红枣 12 枚连核。以水 3 碗煎成

1碗，随意分服。

【药膳举例】

1. 胡萝卜炒猪肝：胡萝卜3根，猪肝250g。胡萝卜洗净切片，猪肝切片，同炒食用。或胡萝卜每次3根，凉开水洗净，生食，连续10天。适用于夜盲症、角膜干燥症。

2. 胡萝卜荸荠白鸭煲：胡萝卜150g，荸荠150g，白鸭1只，料酒10g，盐5g，味精3g，葱10g，胡椒粉3g，姜适量。将胡萝卜去皮，切成4cm的方块，荸荠去皮，切两片。白鸭宰杀后，去毛、内脏及爪，切成5cm见方的块。姜拍松，葱切段。将胡萝卜、荸荠、白鸭、料酒、盐、姜、葱、胡椒粉同放高压锅内，武火烧沸，盖上压阀，30分钟后停火，冷却，倒入煲内，盖上盖，烧开即成。具有滋阴养胃、利水消肿的功效，适用于劳热、咳嗽、水肿、食积不化等人群。

【使用注意】宜熟食，生食伤胃，多食损肝难消。

89 映山红

【别名】杜鹃花、艳山红、春明花、应春花。

【来源】杜鹃花科植物杜鹃 *Rhododendron simsii* Planchon 的干燥花。4～5月花盛开时采收，烘干。

【生长特征】生于丘陵山地或平地，疏灌丛中。喜阳光，但忌烈日曝晒，适于酸性土壤，忌含石灰质的碱土。

【性味归经】甘、酸，平。归肺、肝、胃经。

【主要功效】和血，调经，止咳，祛风湿，解疮毒。用于吐血，衄血，崩漏，月经不调，咳嗽，风湿痹痛，痈疖疮毒。

【食用价值】映山红各营养成分含量分别为：水分83.12%，总糖7.15g/100g，蛋白质5.75g/100g，脂肪0.26g/100g，纤维素2.63g/100g。具有保护心血管方面的保健价值。

【药用举例】

1. 治流鼻血：映山红花（生）30g。水煎服。

2. 治疗痈疖毒：杜鹃花5～7朵，嚼烂敷患处。禁忌鱼腥。

3. 治癞痢头：杜鹃花60g，油桐花30g，焙干研末，桐油调搽（先剃头）。

【药膳举例】

1. 映山红汤：映山红（红花）30g。水煎服，服汤食花，每日1次，连用10天。适用于经闭干瘦。

2. 映山红炖猪脚：映山红（白花）30g，猪脚1个。映山红洗净，猪脚切小块同煮，吃汤食肉。适用于妇女带下量多，色白。

3. 映山红粑粑：映山红500g放入水中洗净凉干备用，糯米粉1000g加适量水揉成泥后表面用湿布盖上防止水分丢失。映山红放在大碗中，加入300g红糖揉搓出水，取合适糯米泥捏成团后压成饼状，其中间放入适宜映山红包成团块，放入蒸锅蒸熟即可食。适用于贫血、月经不调等人群。

4. 映山红酒：映山红（白花）鲜品70g，包谷酒500mL。映山红加入包谷酒密封5～7天即可饮用。对外伤、跌打疼痛有效。

【使用注意】易反酸或胃酸分泌多者不宜食。

90 柿子

【别名】猴果、红柿。

【来源】柿科植物柿 *Diospyros kaki* Thunb. 的果实。霜降至立冬间采摘，经脱涩红熟后，食用。

【生长特征】柿树是深根性树种，又是阳性树种，喜温暖气候，充足阳光和深厚、肥沃、湿润、排水良好的土壤，适生于中性土壤，较能耐寒，较能耐瘠薄，抗旱性强，不耐盐碱土。

【性味归经】甘、涩，凉。归心、肺、大肠经。

【主要功效】清热，润肺，止渴，解毒。主治咳嗽，吐血，热渴，口疮，热痢，便血。

【食用价值】柿果主要含有蔗糖、葡萄糖、果糖等糖类物质，以及蛋白质和丰富的无机盐、果酸、淀粉等，还含有药用成分维生素、胡萝卜素、胆碱、芦丁、黄酮苷以及多种氨基酸。柿子能补充人体养分及细胞内液，起到润肺生津的作用；柿子中的有机酸有助于胃肠消化，增进食欲，同时有涩肠止血的功效；柿子含有大量的维生素和碘，能治疗缺碘引起的地方性甲状腺肿；柿子能帮助机体对酒精的排泄，减少酒精对机体的伤害；柿子有助于软化血管，降低血压，增加冠状动脉流量，并能活血消炎，改善心血管功能。

【药用举例】

1. 治桐油中毒：柿子或柿饼 2 ～ 3 个内服。
2. 治地方性甲状腺肿：柿未成熟时，捣取汁，冲服。

3. 治高血压：青柿子捣汁，每次 100mL，每日 3 次。

【药膳举例】

1. 柿子粥：粳米 50g，干柿末 30g。粳米淘净煮粥，干柿子碾细末，粥熟时加入干柿末，再煮两三滚即成，奶母亦食之。适用于小儿秋痢。

2. 干柿灯心草汤：干柿子 50g，灯心草 30g。干柿、灯心同时入水煎成汤，每日饮 3 ～ 5 次，每次 50mL。适用于热淋涩痛。

【使用注意】凡脾胃虚寒、痰湿内盛、外感咳嗽、脾虚泄泻、疟疾等症，禁食鲜柿。注意忌螃蟹与柿子同食。因为柿子中的鞣酸等成分会使蟹肉蛋白凝固，凝固物质长时间留在肠道内，往往会造成发酵腐败，引起呕吐、腹痛、腹泻等反应。

91 胡麻

【别名】巨胜、方茎、狗虱、油麻、脂麻、芝麻。

【来源】胡麻科植物胡麻 *Sesamum indicum* L. 的成熟种子。秋季果实成熟时采割植株，晒干，打下种子，除去杂质，再晒干。

【生长特征】适宜在凉爽、湿润的气候生长。

【性味归经】甘，平。归肝、肾、大肠经。

【主要功效】补肝肾，益精血，润肠燥。用于头晕眼花，耳鸣耳聋，须发早白，病后脱发，肠燥便秘。

【食用价值】胡麻营养丰富，含维生素 E、维生素 B_1、亚油酸、蛋白质、麻糖、多缩戊糖以及钙、磷、铁等矿物质和各种丰富的营养成分。能改善血液循环，促进新陈代谢以及调节胆固醇。久食能延年益寿。

【药用举例】

1. 治津枯血燥、大便秘结：胡麻仁 9g，胡桃肉 9g。研末，用开水冲服。

2. 治腰膝酸软、体虚乏力：胡麻 200g，黄精 200g。研末制成蜜丸温服，每日 2 次，每次 20g。

【药膳举例】

1. 胡麻油茶汤：取黄豆、苞谷、胡麻、米花，用茶油炒，捞起；下水，油锅内加茶叶煎沸，舀至碗中，泡上用茶油炒过的黄豆、苞谷、胡麻、米花即可。具有降血脂、预防动脉硬化和脑血栓的作用。

2. 胡麻仁粥：胡麻仁 30g，大米 25g，白糖 15g。将胡麻仁择净，炒香备用。先将大米淘净后，放入锅中，加清水适量煮粥，待熟时调入胡麻仁、白糖等，再煮一二沸即成，每日 1 剂，连续 3 ～ 5 天。适用于老年性便秘、病后体虚便秘及女子产后便秘。

3. 胡麻核桃糊：胡麻、胡桃肉（捣烂）、桑椹子（研末）各等量，混合后用蜂蜜调匀，每日 3 次，每次服 2 ～ 3 汤匙，空腹服下。适用于肝肾亏虚所致的头晕、眼花、便秘等人群。

4. 胡麻枸杞饮：胡麻、枸杞子、何首乌各 15g，杭菊 9g，水煎代茶饮。适用于肝肾虚所致的眩晕、头发早白。

【使用注意】脾弱便溏者勿服。

92 胡葱

【别名】野葱、回回葱、蒜葱、冬葱。

【来源】百合科植物胡葱 *Allium ascalonicum* L. 的带鳞茎全草。3～5月采收。

【生长特征】喜生于排水良好的土壤中，喜冷凉气候，抗寒力强，不耐炎热。

【性味归经】辛，温。归肺、脾经。

【主要功效】温中，下气。治水肿，胀满，肿毒。

【食用价值】每100g鲜葱含水分85g，维生素C 87.4mg，钾435mg，钠6.75mg，钙187mg，镁42.2mg，磷51.9mg，铜0.19mg，铁2.42mg，锌0.34mg，锰0.78mg，锶1.02mg，还含有硫醇二甲二硫化合物等，以及蔬菜中少见的前列腺素A，不含脂肪。胡葱全株可作蔬菜食用，鳞茎可制成调味作料，胡葱中所含硫化物具有降血脂的作用。

【药用举例】

1. 治身面浮肿，腹胀，小便不利，喘息稍急：赤小豆30g，胡葱30g（细切），芒硝30g。将赤小豆与胡葱同煮，令豆熟，候水干，加入芒硝，研如膏。每日空腹以暖酒调下半匙。

2. 治蜈蚣咬伤：鲜胡葱20g，花椒20g。以花椒煮水洗患处，后用鲜胡葱捣烂敷患处。

【药膳举例】

1. 胡葱炒蛋：胡葱250g，洗净后切段备用。热锅放入适量食用油烧至七分热，锅中放入胡葱翻炒变色，打入鸡蛋 3 个炒匀后洒上少许食盐出锅即可。适用于胃寒腹胀等人群。

2. 胡葱酸汤：胡葱酸 100g（制法：将新鲜的胡葱洗净，保留葱头，平均分成几小把，阴干成枯黄色，待变色后取下切成细条状后装进准备好的酸菜坛子，半个月后，胡葱发酵成酸），豆腐 50g，猪血 50g，葱花、盐少许。将胡葱酸炒熟后，加入开水，汤开后下豆腐和猪血，煮一会后，放入葱花、食盐即可。适用于胃胀引起胃口不佳人群。

【使用注意】不宜多食。

93 韭菜

【别名】韭、起阳草、壮阳草、扁菜。

【来源】百合科植物韭菜 *Allium tuberosum* Rottl. ex Spreng. 的全草，四季可采，鲜用或晒干。

【生长特征】抗寒，耐热，适应性强，全国各地普遍栽培，对土壤要求不严，但以耕作层深厚、富含有机质、保水力强、透气性好的壤土为最适宜。土壤过分黏重，排水不良，遇到雨季容易死苗；沙土容易脱肥，生长一般较瘦弱。

【性味归经】辛，温。归肝、肾、肺、胃经。

【主要功效】补肾，温中行气，散瘀，解毒。主治肾虚阳痿，里寒腹痛，噎膈反胃，胸痹疼痛，衄血，吐血，尿血，痢疾，痔疮，痈疮肿毒，漆疮，跌打损伤。

【食用价值】韭菜含有蛋白质、脂肪、糖类、纤维素、矿物质以及维生素 A、维生素 B、维生素 C 等多种营养物质，具有提高免疫力和壮阳的保健效果。

【药用举例】

1. 治跌打损伤，瘀血肿痛，或外伤出血：韭菜捣烂敷伤处。

2. 治阳虚肾冷，阳道不振，或腰膝冷痛，遗精梦泄：韭菜 120g，胡桃肉（去皮）30g。同脂麻油炒熟，日食之，服一月。

3. 治疝气：韭菜 50g，白糖适量。用白糖炒韭菜，外敷疝气处，每日 1 剂，分 2 次外敷。

【药膳举例】

1. 韭菜粥：新鲜韭菜250g，陈粟米10g。将韭菜洗干净，切成碎末。把陈粟米淘洗干净，放到砂锅里加适量的水，大火煮沸后，用小火煮30分钟，等粟米熟烂后，添加韭菜碎末拌匀，再用小火煨煮至沸即可。具有温中及助阳散寒的功效，适用于胃寒疼痛、手足发凉等人群。

2. 韭菜煮鲫鱼：韭菜60g，鲫鱼1条，鲫鱼洗净去内脏，韭菜切碎放入鲫鱼腹中，共煮，至汤白稠时服食。适用于痢疾。

3. 韭水冲鸡蛋：韭菜100g，麦冬50g，萱草根100g，大艾梗100g，鸡蛋6个。四味药煎水，用沸药水冲鸡蛋花（1次2个鸡蛋），日1剂，分3次服。适用于痛经。

【使用注意】阴虚内热及疮疡、目疾患者慎食。

94 泥鳅串

【别名】鱼鳅串、马兰头、路边菊。

【来源】菊科植物马兰 *Kalimeris indica*(L.)Sch.–Bip. 的全草。夏、秋季采收，鲜用或晒干备用。

【生长特征】生于路边、田野、山坡上。

【性味归经】辛、苦，凉。归肝、膀胱、肺经。

【主要功效】清热解毒，凉血止血，消积通淋。用于发热咳嗽，咽喉肿痛，吐血，衄血，尿血，崩漏，小儿疳积，小便涩痛，疮疖肿痛等。

【食用价值】泥鳅串富含维生素 A、维生素 C、有机酸，并含有蛋白质、少量脂肪及钙、铁等矿物质。维生素 A 的含量超过番茄，维生素 C 的含量超过柑橘类水果。春天采摘，作为蔬菜或保健食材食用。

【药用举例】

1. 治腮腺炎：泥鳅串、板蓝根各 18g，水煎服。

2. 治咽喉肿痛：泥鳅串、水芹菜各 30g，加白糖少许，捣烂取汁服，连服 3 ～ 4 次。

3. 治小儿热痢：泥鳅串 6g，仙鹤草 9g，马鞭草 9g，木通 6g，紫苏 6g，铁灯草 6g。煎水服。

【药膳举例】

1. 泥鳅串煮蛋：鲜泥鳅串 30g，青壳鸭蛋 1 个。新鲜的泥鳅串捣碎取出汁液，加温水调服，也可以把泥鳅串与青壳鸭蛋一起煮制，煮好以后吃蛋喝汤。能起到良好的止血作用，适用于鼻血、吐血。

2. 泥鳅串汤：泥鳅串 40g，泥鳅串洗净加清水煎制，然后服用，连用 7 天。适用于气管炎以及牙周炎。

3. 凉拌泥鳅串：新鲜泥鳅串嫩茎叶 200g，洗净，放入沸水中焯 1 分钟，取出过凉后切碎，加入盐、味精、麻油，拌匀即成。适用于月经超前、量多、色红质黏者，及心烦口渴人群。

【使用注意】孕妇慎服。食用时要焯水。

95 姜

【别名】生姜。

【来源】姜科植物姜 *Zingiber officinale* Rosc. 的新鲜根茎。秋、冬二季采挖，除去须根及泥沙。

【生长特征】喜温暖湿润的气候，不耐寒，怕潮湿，怕强光直射。

【性味归经】辛，微温。归肺、脾、胃经。

【主要功效】解表散寒，温中止呕，化痰止咳，解鱼蟹毒。用于风寒感冒，胃寒呕吐，寒痰咳嗽，鱼蟹中毒。

【食用价值】生姜营养丰富，功能活性成分较多，含姜酚、醇类、黄酮类、烯类以及蛋白质、多糖、微量元素、氨基酸和维生素等，是集营养、调味、保健于一身的经济作物。研究发现，每 100g 生姜中，含蛋白质 1.4g，糖 8.8g，脂肪 0.7g，钙 20mg，铁 7.0mg，维生素 B_1 0.01mg，维生素 C 4mg，胡萝卜素 0.18g，磷 45mg 及烟酸 0.4mg 等。生姜富含大量的可溶性膳食纤维，对人体有多种生理功能，具有降血压、降血脂、抗氧化、抗衰老、增强免疫力等功效。

【药用举例】

1. 治风寒感冒：生姜 5 片，紫苏叶 15g。水煎服。

2. 治头痛：生姜 1 片，破开，入雄黄于内，湿纸包煨。乘热贴太阳穴。

【药膳举例】

1. 生姜米汤：鲜生姜6g，大米50g共煮水，待米熟烂后，取米汤100～200mL，加生姜汁5滴，频服。适用于妊娠后恶心呕吐不食。

2. 生姜红糖水：生姜10g，红糖30g，连须葱白2根。生姜捣碎加红糖拌匀，连须葱白洗净切小段，滚开水冲泡，温热时频频服用。适用于风寒感冒初起。

【使用注意】本品助火伤阴，故热盛及阴虚内热者忌用。

96 洋荷

【别名】蘘荷、阳荷、野姜。

【来源】姜科植物蘘荷 *Zingiber mioga*（Thunb.）Rosc 的干燥根茎。夏、秋二季采收，除去泥沙，鲜用或晒干。花穗和嫩芽可以食用。

【生长特征】生于山谷中阴湿处。

【性味归经】辛，温。归肝、肺经。

【主要功效】温中理气，祛风止痛，活血调经，止咳平喘，消肿解毒。用于胃寒腹痛，月经不调，气虚喘咳，疮肿，瘰疬，目赤，喉痹，跌打损伤，腰腿酸痛。

【食用价值】洋荷营养丰富，含有多种氨基酸、蛋白质、多种维生素、纤维素、脂肪、总酸、总糖、磷、钙、铁等，具有很强的抗氧化能力。所含纤维素还是一种不产生热能的多糖营养物质，经常食用，有利于保持消化道通畅，维持正常的排便功能，可治疗便秘，消积健胃，对于糖尿病有特殊功效。

【药用举例】

1. 治大叶性肺炎：洋荷 9g，鱼腥草 30g。水煎服。

2. 治跌打损伤：鲜洋荷 30g，水煎服。

【药膳举例】

1. 醋熘洋荷：鲜洋荷 250g，洗净切丝，清油下锅武火炒，加适量醋后出锅。适用于便秘、食积者。

2. 青椒洋荷：鲜洋荷、青椒洗净切丝，用油下锅武火炒熟，加适量盐及调味品即可食用。适用于胃寒胃胀、食积、便秘者。

3. 洋荷炖肉：鲜洋荷 30g，猪肉 50g。洋荷洗净切片（洗时不要去其须根），与猪肉片共同炖煮，加食盐调味，食肉、洋荷，喝汤，每日 1 次。适用于跌打损伤及腰痛患者。

4. 洋荷蒸鸡蛋：鲜洋荷 15g，鸡蛋 1 个。洋荷洗净切细，加鸡蛋捣匀蒸熟内服，每日 2 次。适用于腹部胀痛，隐痛并伴有嗳气的人群。

【使用注意】有胃出血史者忌用。

97 荞麦叶大百合

【别名】山丹、山丹草、荞麦叶贝母、水百合。

【来源】百合科植物荞麦叶大百合 *Cardiocrinum cathayanum* (Wilson) Stearn 的鳞茎。春、夏季采挖，洗净，鲜用或晒干。

【生长特征】生于海拔 200 ～ 1050m 的较阴湿的山谷中水沟旁或树林中。

【性味归经】苦、微甘，凉。归心、肺经。

【主要功效】清肺止咳，解毒消肿。用于感冒，肺热咳嗽，咯血，鼻渊，聤耳，乳痈，无名肿毒。

【食用价值】百合主要化学成分为黄酮、多糖、皂苷、生物碱物质，具有抗氧化、抗疲劳、抗抑郁等方面的保健效果。

【药用举例】

1. 治感冒：荞麦叶大百合、芫荽各 30g。水煎服。

2. 治鼻渊：荞麦叶大百合适量，捣烂包头顶部；另用荞麦叶大百合 15g，天麻、刺梨花各 9g，水煎服。

【药膳举例】

1. 荞麦叶大百合猪肺粥：荞麦叶大百合 10g，甜杏仁 50g，猪肺 200g，粳米 100g。荞麦叶大百合研粉，与甜杏仁、粳米共煮粥半熟，将猪肺洗净挤干血水与气泡，切小块放入锅中煮至粥熟后食用。适用于咳嗽气喘。

2. 荞麦叶大百合汁：荞麦叶大百合鲜鳞茎 500g 捣碎取汁，内服，外涂患处。适用于乳痈、疮疖肿毒。

【使用注意】荞麦叶大百合性偏凉，不宜多吃。

98 蚱蜢

【别名】蚂蚱、油蚂蚱、草蜢子。

【来源】蚱蜢科昆虫中华稻蝗 *Oxya chinensis* Thunb. 的虫体。夏秋捕捉，晒干或风干。

【生长特征】生活于水稻、玉米、高粱、甘蔗等田中，以及潮湿近水的草滩和田埂上。

【性味归经】辛、甘，温。归肺、肝、脾经。

【主要功效】解毒消肿，镇惊息风，止咳平喘。主治小儿急慢性惊风，蜂叮伤，百日咳。

【食用价值】蚱蜢含有蛋白质、氨基酸、维生素 B_1、维生素 B_2、维生素 E、维生素 A、胡萝卜素、脂肪酸和丰富的磷、钙、铁、锌、锰等元素，具有补充人体蛋白质、促进人体生长发育、增强免疫力、美容美颜等功效。

【药用举例】

1. 治小儿惊风：蚱蜢不拘多少，煅存性（研末），砂糖和服。

2. 治急、慢惊风：霜降后取蚱蜢风干，用 7 ～ 10 个，加钩藤、薄荷叶各 10g。煎汤服用。

3. 治蜂叮伤：蚱蜢 7 只捣细，开水泡服。

4. 治哮喘：蚱蜢 2 个，制半夏 10g。水煎取 50mL，分 2 次服，连服 1 周。

【药膳举例】

1. 油炸蚱蜢：把蚱蜢去掉翅膀，用油炸至黄褐色，捞出后，在有酱油、醋、香油、葱、蒜的作料中浸一下，即可食用。对百日咳、支气管炎有一定的辅助疗效。

2. 茴香炒蚱蜢：蚱蜢 30g，小茴香 6g。一同放入食油中翻炒，待熟时加食盐少许炒匀。对脾虚气滞、脘腹满闷胀痛、饮食减少等有一定的效果。

【使用注意】过敏体质人群慎食。

99 桑椹

【别名】桑实、桑枣、桑果。

【来源】桑科植物桑 *Morus alba* L. 的果穗。6～7月果实变红时采收，鲜用或晒干。

【生长特征】生于丘陵、山坡、村旁、田野等处。

【性味归经】甘、酸，寒。归心、肝、肾经。

【主要功效】补血滋阴，生津润燥。用于肝肾阴虚，眩晕耳鸣，心悸失眠，须发早白，津伤口渴，内热消渴，血虚便秘。

【食用价值】桑椹中含有丰富的葡萄糖、果糖、苹果酸、胡萝卜素、不饱和脂肪酸、花青素、乌发素、多种维生素及钙、磷、铁、硒、锰等。常吃桑椹能提高人体免疫力，具有延缓衰老、美容美颜的功效。桑椹可以直接当水果食用，也可以泡酒和制成糕点。

【药用举例】

1. 治心肾衰弱不寐或习惯性便秘：鲜桑椹30g，水适量煎服。

2. 治须发早白、脱发：鲜桑椹45g，鲜桑叶30g，水适量煎服。

【药膳举例】

1. 桑椹汁：鲜桑椹适量，洗净后放入果汁机里，再加入适量冰糖一起打汁，有生津止渴、滋阴补肾之效，适用于口干喜饮、心烦气躁、腰酸乏力等人群。

2. 桑椹桂圆汤：鲜桑椹子60g，桂圆肉30g，一起放入锅内，加适量水炖烂食用，有养血安神美容之效，适用于贫血、失眠等人群。

3. 桑椹子蜂蜜茶：桑椹子30g，蜂蜜30g。将桑椹子水煎，服用时加入蜂蜜调味，有润肠通便之效。适用于便秘、潮热等人群。

4. 桑椹醪：鲜桑椹1000g洗净捣汁（或以干品300g煎汁去渣），将药汁与糯米500g共同酿成酒。每日适量佐餐食用。具有补血益肾、聪耳明目等功效，适用于肝肾阴亏、消渴、便秘、耳鸣、目暗等人群。

【使用注意】脾胃虚寒腹泻便溏者勿服。

100 荷叶

【别名】莲叶。

【来源】睡莲科植物莲 *Nelumbo nucifera* Gaertn. 的叶。夏、秋二季采收，鲜用或晒至七八成干时，除去叶柄，折成半圆形或折扇形，干燥。

【生长特征】生于水泽、池塘、湖沼或水田内。

【性味归经】苦，平。归肝、脾、胃经。

【主要功效】清热解暑，升发清阳，凉血止血。用于暑热烦渴，暑湿泄泻，脾虚泄泻，血热吐衄，便血崩漏。荷叶炭收涩化瘀止血，用于多种出血症及产后血晕。

【食用价值】含生物碱类化合物、黄酮类化合物、挥发油、多种维生素以及铜、锌、硒等微量元素，具有降压、降脂、减肥、抗氧化、排毒祛斑的功效。荷叶天然清香的特性，常在食品开发中用来作为食物的功能配料和风味调料，在蒸煮食品中常用作荷叶饭、糯米鸡、粉蒸肉等食品的天然包装材料。

【药用举例】

1. 治手太阴暑温，发汗后暑证悉减，但头微胀，余邪不解：鲜荷叶 6g，鲜银花 6g，西瓜翠衣 6g，鲜扁豆花 1 枝，丝瓜络 6g，鲜竹叶心 6g。水 2 杯，煮取 1 杯，日 2 服。

2. 治吐血不止：嫩荷叶 7 个，擂水服。

3. 治梦遗泄精：荷叶 30g，米汤 500mL。荷叶研末，每天早晨服 1 次，每次 3g，米汤水送服。

【药膳举例】

1. 荷叶陈皮茶：取荷叶（鲜品或干品均可）、陈皮、山楂适量，用清水冲洗去灰，放入杯中加开水浸泡，加盖焖数分钟后代茶饮。有化痰祛湿、健脾和胃之功效，适用于高脂血症、肥胖、高尿酸血症、高血压、糖尿病、食欲不振等人群。

2. 荷叶粥：荷叶 50g，粳米 100g。将锅里放入适量清水，再放上荷叶，大火烧开后改小火煮 20 ～ 30 分钟，捞出荷叶，将粳米放入荷叶水中煮成粥即可。有化痰祛浊之功效，适用于体重超重、肥胖、高脂血症、糖尿病前期等人群。

3. 煅荷叶冲糖水：荷叶烧存性，每服 6g，红痢用蜂蜜冲服，白痢用砂糖冲服。

【使用注意】气血虚者慎服，贫血、低血压人群及孕妇忌用。

101 莲子

【别名】藕实、水芝丹、莲实。

【来源】睡莲科属植物莲 *Nelumbo nucifera* Gaertn. 的成熟种子。秋季果实成熟时采割莲房，取出果实，除去果皮，干燥，或除去莲子心后干燥。

【生长特征】生于水泽、池塘、湖沼或水田内。

【性味归经】甘、涩，平。归脾、肾、心经。

【主要功效】补脾止泻，止带，益肾涩精，养心安神。用于脾虚泄泻，带下，遗精，心悸失眠。

【食用价值】含有淀粉、蛋白质、脂肪、不饱和脂肪酸、糖类、钾、磷、钙、镁、铁，以及 β – 谷甾醇、β – 谷甾醇脂肪酸脂、维生素 C、叶绿素、棕榈酸及谷胱甘肽等，营养成分丰富，具有清热降火、降低血压、促进睡眠、防癌抗癌、抗氧化抗衰老的保健作用。

【药用举例】

1. 治久痢不止：老莲子 60g（去心），研为末，每次 3g，陈米汤调下。

2. 治小便白浊，梦遗泄精：莲子、益智仁、龙骨（五色者）各等分，研为细末。每次 6g，空腹淘米水冲服。

【药膳举例】

1. 莲子粳米粥：莲子 50g，粳米 100g。将莲子浸水数小时发胀后，冲洗干净，粳米淘洗干净，将莲子与粳米同放入锅内，加清水大火煮开后改小火，慢慢煲成粥，熟后加冰糖，当冰糖溶化即可起锅，放置温热即可食用。有清热降火、助眠安神、益肾固精之效，适用于失眠心悸、围绝经期综合征、大便干燥、阴虚内热等人群。

2. 莲子银耳汤：莲子50g，银耳半朵，枸杞子、冰糖适量。将莲子、银耳浸泡1小时，莲子去心与泡好的银耳放入锅中，加冰糖及适量水，炖煮3～4小时，加入枸杞子即可出锅。有补脾开胃、益气清肠、养阴清热之效，适宜于慢性支气管炎、阴虚火旺、脾胃亏虚等人群。

【使用注意】脾胃虚寒、消化不良、便秘、感冒者慎用。

102 桃子

【别名】桃实。

【来源】蔷薇科植物桃 *Prunus persica*（L.）Batsch、山桃 *P.davidiana*（Carr.）Franch. 的成熟果实。7～8 月成熟时采摘，鲜用或做脯。

【生长特征】喜光，耐旱，怕涝，喜沙质土壤、耐寒力强。

【性味归经】甘、酸，温。归肺、大肠经。

【主要功效】生津，润肠，活血，消积。主治津少口渴，肠燥便秘，闭经，积聚。

【食用价值】桃的果肉中富含蛋白质、脂肪、糖、碳水化合物、粗纤维、钙、磷、铁、维生素 B、维生素 C 及大量的水分，对慢性支气管炎、支气管扩张症、肺纤维化、肺不张、矽肺、肺结核等出现的干咳、咯血、慢性发热、盗汗等症，可起到养阴生津、补气润肺的保健作用，并有美容养颜、预防便秘的效果。适用于低血糖、低血钾、缺铁性贫血者食用。可以鲜食，也可以加工成罐头、桃干、果脯、果酒、果汁、果酱等。

【药用举例】

1. 治冠心病：鲜桃子 2 个，黑芝麻 20g，杏仁 2 个，大枣 5 枚。水煎服，每日 1～2 次。

2. 治虚汗、盗汗：桃干 15g，水煎服，每晚服 1 次。

【药膳举例】

1. 桃子奶茶：准备桃子 1 个，牛奶 200mL。将桃子洗净后去皮去核切片，然后与牛奶一起放入榨汁机里榨汁即可。有补中益气、健脾开胃之功效，适用于体虚、便秘等人群。

2. 冰糖蒸桃：桃子洗净去皮，去核，切成块，加冰糖隔水蒸熟，放凉后吃。具有生津止渴之功效。

3. 鲜桃柠檬汁：桃子 250g，柠檬、白糖、冰块各 30g，凉开水 400g。先将桃子洗净，挖去果核，待用。柠檬洗净去皮、核后放入搅拌机，加入凉开水，搅拌 1 分钟，然后加入桃子和白糖，再次搅拌，并加入冰块，合上盖，当桃子成为稀浆汁时即可饮用。具有生津止渴、补脑健身的功效，适用于热病烦渴及用脑过度人群。

【使用注意】多食生热，发痈疮、疟、痢、虫疳诸患。

103 蚕豆

【别名】佛豆、兰花豆、胡豆、夏豆。

【来源】为豆科植物蚕豆 *Vicia faba* L. 的豆荚和种子。7～9月果实成熟时采收，鲜用或晒干。

【生长特征】通常栽培于田中或田岸旁。耐低温，畏寒。

【性味归经】甘、微温，平。归脾、胃经。

【主要功效】健脾利水，解毒消肿。主治膈食，水肿，疮毒。

【食用价值】蚕豆营养价值较高，富含蛋白质、氨基酸、碳水化合物、膳食纤维、钾、磷、镁、钠、钙、铁、锌、硒、维生素 B_1、维生素 B_2、维生素C等，具有健脑益智、降低胆固醇、促进肠蠕动、延缓动脉硬化、抗癌的功效。

【药用举例】

1. 治膈食：蚕豆磨粉，红糖调食。

2. 治水肿：蚕豆60g，冬瓜皮60g。水煎服。

【药膳举例】

1. 蚕豆海带冬瓜汤：准备浸发海带60g，冬瓜250g，去皮蚕豆100g，食盐等调料适量。将洗净切成片状的海带和蚕豆瓣一起下锅，用香油炒一下，然后添加200mL水，加盖煮沸。待蚕豆将熟时，再把切成长方块的冬瓜和盐一起放入锅中，冬瓜烧熟即可。有化痰祛浊、清热利湿、软坚化结之功效，适用于高脂血症、高血压、糖尿病、下肢水肿、乳腺结节、甲状腺结节等人群。

2. 茴香豆：准备新鲜蚕豆 250g，小茴香 1 小撮，八角 1 枚，花椒 1g，干辣椒 2 支（切小段），桂皮 1 小段，盐少许，水适量。将蚕豆洗净，把上述材料放入锅中，用大火将水烧至微沸，再转小火煮制约 8 分钟后离火，让蚕豆浸泡在汤汁中约 30 分钟使其入味即可食用。有开胃健脾、利湿消肿、止血解毒的功效，适用于食欲不振、消化不良、便血等人群。

3. 蚕豆炖牛肉：新鲜蚕豆 250g，黄牛肉 500g。一起炖熟，加入食盐、味精调味，可治水肿。

【使用注意】脾胃虚弱者不宜多食，蚕豆过敏、有遗传性血细胞缺陷症以及蚕豆症患者忌食。不可大量食用，不可与田螺同食。

104 橘子皮

【别名】陈皮、橘皮、黄橘皮。

【来源】芸香科植物橘 *Citrus reticulata* Blanco 及其栽培变种的成熟果皮。采摘成熟果实，剥取果皮，鲜用、晒干或低温干燥。

【生长特征】稍耐阴，喜温暖湿润的气候，不耐寒。

【性味归经】辛、苦，温。归肺、脾经。

【主要功效】理气健脾，燥湿化痰。用于脘腹胀满，食少吐泻，咳嗽痰多。

【食用价值】陈皮中含有挥发油、川陈皮素、橙皮苷、新橙皮苷、橘皮素、对羟福林、黄酮化合物、维生素 B、维生素 C 等，具有增强食欲、解腻留香、降逆止呕的功效。

【药用举例】

1. 治湿痰咳嗽：橘子皮 15g，半夏 15g，茯苓 9g，甘草 5g。水煎服。

2. 治脾胃气虚兼痰湿证：橘子皮 3g，半夏 4.5g，茯苓 3g，甘草 3g，人参 3g，白术 4.5g。加大枣 2 枚，生姜 3 片，水煎服。

【药膳举例】

1. 橘子皮奶茶：准备橘子皮 20g，牛奶 1 袋，将橘子皮洗干净后与牛奶一同放入榨汁机里打成汁，食用时可酌情加入适量蜂蜜，有补中益气、理气健脾、调中、燥湿化痰之功效，适用于脾胃气滞、胃脘胀满或疼痛、消化不良、纳呆便溏等人群。

2. 降脂茶：陈皮15g，山楂9g，甘草3g，丹参6g。沸水冲泡。有降脂之功效，适宜体质壮实之高脂血症患者，经常腹泻或消化性溃疡者不宜。

3. 橘子皮茶：橘子皮适量开水冲泡当茶饮。具有开胃止呕的作用。

【使用注意】忌生冷、黏腻、易生痰的食物。阴虚，有口干舌燥、干咳、无痰者不宜多食；气虚，有胃火者也不宜多食；吐血及内有湿热者慎食。

105 莓茶

【别名】藤茶、雪茶、土家神茶。

【来源】葡萄科植物显齿蛇葡萄 *Ampelopsis grossedentata* (Hand.-Mazz.) W.T.Wang 的嫩枝叶。6 月采摘，晒干或烘干。

【生长特征】生长在海拔 800 ～ 1500m 山巅。常年云雾缭绕，以保持其湿度。根植在特殊的石英砂岩土壤之中。

【性味归经】甘、淡，凉。入肝、肺、胃经。

【主要功效】清热解毒，利湿消肿。用于感冒发热，咽喉肿痛，湿热黄疸，目赤肿痛，痈肿疮疖。

【食用价值】富含可溶性糖、黄酮类物质和多种微量元素，能软化血管、扩张冠状动脉、改善血管通透性、抗血栓、降血脂、降血压、降胆固醇、减少红细胞、抗血小板凝聚、改善微循环、清除自由基、抗氧化、抑制肿瘤、保肝护肝、解酒醒酒，并有明显的消炎抑菌、抗病毒作用，可增加人体免疫力。

【药用举例】

治黄疸性肝炎：莓茶 30g，水煎服。

【药膳举例】

1. 薄荷莓茶：莓茶 15g，薄荷叶 3g。备好的莓茶、薄荷叶放入干净大茶杯，加入 85℃水浸泡片刻，去除杂质，倒去温水，再次往杯中倒入适量开水泡约 3 分钟，待浓茶温热时大口喝、慢慢咽。适用于咽干喉燥、口舌生疮等症。

2. 莓茶小麦粥：莓茶 50g，甘草 10g，小麦 100g，大枣 15

枚。莓茶、甘草大火共煎后取茶水500mL，加小麦100g，大枣15枚文火煮至麦熟，睡前服用。适用于心血不足的失眠多梦。

【使用注意】隔夜的莓茶不宜喝，年长体虚者用量不能过多。

106 鸭脚板

【别名】三叶芹、鸭脚板草。

【来源】伞形科植物鸭儿芹 *Cryptotaenia japonica* Hassk. 的茎叶。夏、秋间采收，割取茎叶，鲜用或晒干。

【生长特征】生于海拔 200 ～ 2000m 的山地、山沟及林下较阴湿地区。

【性味归经】辛、苦，平。归心、肺经。

【主要功效】祛风止咳，利湿解毒，化瘀止痛。主治感冒咳嗽，肺痈，淋痛，疝气，月经不调，风火牙痛，目赤翳障，痈疽疮肿，皮肤瘙痒，跌打肿痛，蛇虫咬伤。

【食用价值】鸭脚板的嫩茎叶中粗纤维、总糖、粗蛋白质、粗脂肪和维生素 C 的含量均明显高于常见栽培蔬菜，可作为优质的功能蔬菜；其中，鸭脚板嫩茎叶的维生素 C 含量较高，还可作为一种天然保健蔬菜。

【药用举例】

1. 治小儿肺炎：鸭脚板 15g，马兰 12g，叶下红、野油菜各 9g。水煎服。

2. 治肺脓肿：鸭脚板 30g，鱼腥草 60g，桔梗、山苦瓜各 6g，瓜蒌根 15g。水煎，1 日 3 次分服。

3. 治皮肤瘙痒：鸭脚板适量，煎水洗。

【药膳举例】

1. 鸭脚板汁：鸭脚板 250g。鸭脚板洗净捣汁，每次 5mL，每日3次，适用于口疮，牙齿肿痛，咽炎，咽喉肿痛。

2. 清炒鸭脚板：鸭脚板500g，洗净，切小段，清炒食用。适用于烧心反酸等症。

【使用注意】食用时要焯水。

107 莴笋

【别名】莴苣。

【来源】菊科植物莴笋 *Lactuca sativa* var. *angustata* Irish ex Bremer 的茎、叶。春季嫩茎肥大时采收。

【生长特征】生于菜园或田野。莴苣属耐寒性蔬菜，喜冷凉气候，不耐高温。莴苣喜昼夜温差大，开花结实要求较高温度，适温为 19℃～22℃。

【性味归经】苦、甘，凉。归胃、大肠经。

【主要功效】利尿，通乳，清热解毒，通便，安神。主治小便不利，尿血，乳汁不通，虫蛇咬伤，肿毒。

【食用价值】莴笋含丰富的糖类，维生素 C 和钙、磷、铁等成分。每 500g 莴笋含有铁约 12mg。莴笋汁液有安神催眠作用，还可增加胃液、胆汁和消化酶的分泌，刺激胃肠道平滑肌的蠕动，可增加食欲、帮助消化和通大便。莴笋含糖量低，但含烟酸较高，烟酸被视为胰岛素的激活剂，因此，莴笋很适合糖尿病患者食用。同时，莴笋水分高、热量低，可以缓和饥饿感，达到减肥目的。

【药用举例】

1. 治尿血：莴笋，捣敷脐上。

2. 治产后无乳：莴笋 3 根，研作泥，酒或开水调服。

【药膳举例】

1. 凉拌双笋：莴笋 250g，剥除叶片，削皮，洗净切薄片，装于碗中，加盐腌渍入味后，挤干水分。竹笋150g，去外皮及老茎，放锅中隔水蒸熟，取出，切斜片，放凉后，与莴笋片拌合，加入各种调料拌匀（根据自己口味放适当的盐、醋、味精、香油、辣椒粉等），腌渍20分钟即可。适用于老年人及围绝经期高血脂症、食欲不振等。

2. 莴笋丝炒肉：莴笋250g，猪肉250g，将莴笋削皮洗净切丝，猪肉洗净切丝，油锅烧热后倒入蒜末爆香，加入肉丝翻炒至变色后加入少量生抽，拌炒至色匀，将莴笋丝倒入一起翻炒至熟，最后加入适量的食盐和味精拌炒均匀，即可出锅食用。有清热解毒、滋阴补肾之效，适用于痰多、咳嗽、高血脂等人群食用。

【使用注意】脾胃虚弱者慎用，多食昏人眼，有目疾者忌食，怕冷之人不宜食，同蜜食令人下利。食用时要焯水。

108 荸荠

【别名】荸荠子、马蹄、菩荠。

【来源】莎草科植物荸荠 *Eleocharis dulcis*（Burm. f.）Trin.ex Henschel 的球茎。秋冬季采集，洗净，鲜用或风干。

【生长特征】荸荠性喜温暖湿润，不耐霜冻，常生长在浅水田中，荸荠在生长前期需要高温及长日照。土壤则以土层浅薄，pH 值 6 ～ 7 的砂质壤土或腐殖质壤土为宜。

【性味归经】甘，寒。归肺、胃经。

【主要功效】清热止渴，利湿化痰，降血压。主治热病伤津烦渴，咽喉肿痛，口腔炎，湿热黄疸，高血压病，小便不利，麻疹，肺热咳嗽，矽肺，痔疮出血。

【食用价值】荸荠营养丰富，含有蛋白质、脂肪、粗纤维、胡萝卜素、维生素 B、维生素 C、铁、钙、磷和碳水化合物。荸荠中含磷量较高，能促进人体生长发育，同时对牙齿、骨骼的发育有很大好处，可促进体内的糖、脂肪、蛋白质三大物质的代谢，调节酸碱平衡。

【药用举例】

1. 治痞积：荸荠于三伏时以火酒浸晒，每日空腹细嚼 7 个，痞积渐消。

2. 治黄疸湿热，小便不利：荸荠打碎，煎汤代茶，每次 120g。

3. 治小儿口疮：荸荠烧存性，研末涂之。

【药膳举例】

1. 荸荠汁：鲜荸荠绞汁，冷服，每次60g，适用于咽喉肿痛。

2. 荸荠蜂蜜羹：生荸荠10枚，去皮捣烂，蜂蜜10g，米汤沫同拌匀，饭上蒸熟，热服效，适用于肺虚咯血。

3. 荸荠狮子头：荸荠250g，绞肉350g，菜油50g，食盐3g，酱油20g，白糖15g，鸡蛋1个，淀粉、葱、生姜、酒各适量。将荸荠切成米粒大小，拌进绞肉中，加食盐、鸡蛋、酒、淀粉、葱、生姜拌和，做成大肉圆4个。在炒锅中加菜油，烧热，放入肉圆煎至两面黄，加酱油、白糖、高汤，用小火焖5分钟，然后盛盘中（用菜心垫底），把汤汁浇于上面即成。具有生津止渴的功效，适用于患有咽喉肿痛、血痢等的人群。

【使用注意】虚寒及血虚者慎服。

109 莼菜

【别名】水案板、水葵、马蹄菜、湖菜。

【来源】莼菜科植物莼菜 *Brasenia schreberi* J. F. Gmel. 的全草。每年 4 ～ 6 月采收，为春莼菜；9 ～ 10 月也可采，为秋莼菜，品质、产量均逊于春莼菜。鲜用或晒干。

【生长特征】莼菜生长适温为 20℃～ 30℃，水质清洁、土壤肥沃、水深 20 ～ 60 cm 的池塘、河湖或沼泽水域中。

【性味归经】甘，寒。归肝、脾经。

【主要功效】清热解毒，止呕。主治高血压，泻痢，胃痛，呕吐，反胃，痈疽疔肿，热疖。

【食用价值】莼菜中蛋白质含量远远高于其他水生蔬菜。莼菜中共检测到 17 种氨基酸和多种微量元素，为植物中的“锌王”，是小儿极佳的益智健体食品，可防治小儿多动症。此外，莼菜中还含有膳食纤维、多糖、维生素和类胡萝卜素等物质。莼菜营养价值高，有抗肿瘤、抗氧化作用，能增强机体免疫功能，在保健养生、美容护肤等方面也效果明显。

【药用举例】

1. 治一切痈疽：春夏用莼菜茎叶，冬月用莼菜子，捣烂敷之。

2. 治各种疔疮：莼菜、马蹄草、大青叶、臭紫草各等分，捣烂，以酒 1 碗浸之，去滓，温服。

【药膳举例】

1. 莼菜炒猪肝：莼菜 150g，猪肝 150g，猪肝洗净血水，切薄片，下锅炒至猪肝稍黄色，加入莼菜，翻炒至菜熟。适用于儿童多动症。

2. 素炒莼菜：莼菜 250g，洗净切小段，清油炒熟食用。适用于患有便秘的人群。

3. 莼菜鲫鱼羹：将鲫鱼 1 条去腮、内脏及鳞片，洗净；莼菜 200g，洗净切小段，鲫鱼放入锅内，加水适量，煮熟捞出，拆下鱼肉，鱼汤倒出待用；锅内放猪油烧热，下入葱、姜、蒜煸香，放入鱼肉、莼菜、酱油、白糖、食盐、鱼汤烧至入味，用湿淀粉勾芡，出锅装碗，淋入麻油即成。此羹质地浓稠细嫩，咸鲜清香，可为人体提供丰富的营养成分，具有清热利水消肿的功效。适用于身体瘦弱、消化不良、乳汁少、乏力、黄疸、痈肿、营养不良性水肿等病症。

【使用注意】食用时要焯水。

110 鳜鱼

【别名】鳌花鱼、季花鱼、花鲫鱼。

【来源】鮨科动物鳜鱼 *Siniperca chuatsi*（Basilewsky）的肉，春、秋季捕捞。捕后，除去鳞片及内脏，洗净，鲜用或晒干。

【生长特征】生活在水清的江河湖泊中的近底层，以别种鱼苗为食，以夜间活动为主。

【性味归经】甘，平。归脾、胃经。

【主要功效】补气血，益脾胃。主治虚劳羸瘦，脾胃虚弱，肠风便血。

【食用价值】含蛋白质、脂肪、维生素 B_1、维生素 B_2、烟酸、钙、钾、镁、硒等营养元素，具有补气血、益脾胃、美容养颜、强身健体的功效，适合体质衰弱、脾胃气虚、饮食不香、营养不良的人食用，对肺结核病人的康复有益。

【药用举例】

1. 肝胃气大发，作呕：小鳜鱼烘脆，加真肉桂 1.5g，荜澄茄 1.5g，共为末。冲服，每次 3g。

2. 小儿软疖：鳜鱼尾肉捣烂，敷于患处。

【药膳举例】

1. 豆豉鳜鱼：鳜鱼 1 条（约 800g），川贝母 5g，红椒丝、葱丝各 15g，蒸鱼豉油 20g，盐、味精各 3g，料酒 15mL，植物油 15mL。川贝母研成细粉，鳜鱼宰杀，除去鳞、鳃、内脏，洗净备用。将川贝母粉、盐、味精、料酒、植物油涂抹鱼身，放入盘中，上笼，大火蒸8分钟至熟后取出，浇上蒸鱼豉油，撒上红椒丝、葱丝即可。具有益脾养胃、补气养血的功效，适合羸瘦虚弱、神疲乏力、久病体弱及感冒咳嗽后期出现气虚痰多的患者食用。

2. 鳜鱼党参汤：鳜鱼1条（约800g），党参15g，玫瑰花5g，生姜15g，油、鲜汤、精盐、料酒、葱花、白糖、湿淀粉各适量。将鳜鱼去皮骨，切成条状，用湿淀粉拌匀；将党参洗净，切薄片；鲜玫瑰花洗净取瓣，切成细丝。炒锅放油烧至六成热，把浆好的鳜鱼肉氽入油中，稍煎至表皮微黄，捞出沥净油。锅中留少许植物油，将鳜鱼放入，加入鲜汤、党参片、姜片、精盐、料酒、葱花、白糖，旺火煮沸至熟，迅速投入玫瑰花丝，收浓汤汁即成。具有温中养胃、调气和中的功效，适合有脾气虚寒、肝脾不和的胃下垂等症状的亚健康人员食用。

【使用注意】有哮喘、咯血的病人不宜食用，寒湿盛者不宜食用。

111 银耳

【别名】白木耳、白耳子。

【来源】银耳科真菌银耳 *Tremella fuciformis* Berk. 的子实体。春秋采收，用老斑竹浸猪油制成竹刀采割，将鲜银耳以清水洗净后，晒干即成。

【生长特征】银耳是一种腐生菌，属中温型，但耐寒力很强。生于栎树及其他阔叶树腐木上。

【性味归经】甘，平。归肺、胃、肾经。

【主要功效】滋补生津，润肺养胃。主治虚劳咳嗽，痰中带血，津少口渴，病后体虚，气短乏力。

【食用价值】银耳是一种食用菌，被誉为菌中之冠，营养价值高，主要成分有多糖、脂类及酶、蛋白质、氨基酸以及多种维生素和微量元素，食用后具有增强免疫力、抗氧化、抗疲劳等作用。

【药用举例】

1. 润肺，止咳，滋补：银耳 6g，竹参 6g，淫羊藿 3g。先将银耳及竹参用冷水发胀，然后加水 1 小碗及冰糖、猪油适量调和，最后取淫羊藿稍加碎截，置碗中共蒸，服时去淫羊藿渣。竹参、银耳连汤内服。

2. 治肺阴虚，咳嗽，痰少，口渴：银耳 6g（先用水浸泡），冰糖 15g，加水适量，隔水共蒸透，制成银耳糖汤，分 2 次服，每日 1 剂。

【药膳举例】

1. 银耳莲子百合粥：莲子、百合各50g，先用冷水浸泡6～8小时，银耳1朵冷水浸泡1小时后撕成小片状，洗干净后待用。砂锅中倒入大半锅清水，放入银耳、莲子和百合一同煮，先用大火烧开转小火慢炖1～2小时，加入冰糖适量，枸杞子10～20颗，煮至冰糖溶化即可食用，有养心安神、美容养颜之功效，适用于围绝经期综合征、失眠、阴虚内热等人群。

2. 银耳红枣汤：将银耳放入温水，浸泡30分钟。待银耳充分发开之后，换清水洗干净，去根，将银耳撕成小片，放入锅内，加水，大火煮开，加入洗净的红枣，一同煮沸10分钟左右，再改为小火（煲汤模式），煲上1～2小时，再放入适量冰糖，待冰糖溶化后即可。有滋阴养血、补中益气之功效，适用于围绝经期综合征、血虚等人群。

【使用注意】风寒咳嗽者及湿热酿痰致咳者禁用。

112 野木瓜

【别名】百益果、万寿果。

【来源】木通科植物野木瓜 *Stauntonia chinensis* DC. 的成熟果实。夏、秋季采摘，晒干或鲜用。

【生长特征】生于湿润通风的杂木林中、山路边及溪谷两旁。

【性味归经】酸、甘，平。归肝、膀胱经。

【主要功效】疏肝活血，理气止痛。用于肝胃气痛，消化不良，腰痛，疝气，痛经，子宫下垂。

【食用价值】野木瓜含有丰富的蛋白质、糖类、齐墩果酸等多种有机酸，维生素 A、维生素 C 等多种维生素，钾、钙、铁等矿物质元素，还含有超氧化物歧化酶、多糖、黄酮、皂苷等成分，其超氧化物歧化酶含量是葡萄的 300 倍，是一种天然的抗氧化剂。野木瓜果实具有皮薄、肉厚、质嫩、味甘酸、气香等特点，具有抗衰老、美容美颜、护肝的功效。以其作为原料的各类饮食产品，如罐头、果脯、果酱、果酒、果汁等，都渐渐在食品行业中兴起。

【药用举例】

治胃、十二指肠溃疡：野木瓜 12g，高良姜 4.5g，制香附 9g。水煎服。

【药膳举例】

1. 野木瓜炒瘦肉：野木瓜、瘦肉、土豆、葱、姜、蒜适量。将野木瓜洗净后切成薄片，猪瘦肉洗净后切片，姜切片、葱切段。将锅放置武火上烧热，加入适量食用油烧至六七成热，随后放入野木瓜、瘦肉片、土豆片，洒上料酒至变色，再翻炒至熟起锅装盘食用。有健脾消食、补充营养、提高身体抗病能力之效。

2. 野木瓜鸡汤：野木瓜半个，鸡腿1只，枸杞子适量，当归适量，酒少许。首先把鸡腿切成块，然后加入沸水汆烫，去除鸡腿的血腥水。半个野木瓜切成同等分量的块状备用，把准备好的鸡腿、木瓜等原材料放入砂煲中，再滴入酒去腥，盖上盖子开火炖，大火煮开鸡汤后即成。

【使用注意】孕妇忌服。不宜大剂量长期食用。

113 萝卜

【别名】白萝卜、红萝卜、莱菔。

【来源】十字花科植物萝卜 *Raphanus sativus* L. 的根。冬季挖取鲜根，去茎叶，洗净，鲜用或晒干。

【生长特征】广泛栽培，半耐寒性，需要充足的日照。

【性味归经】辛、甘，凉。归肺、胃经。

【主要功效】消食，下气，化痰，止血，解渴，利尿。主治消化不良，食积胀满，吞酸，吐食，腹泻，痢疾，便秘，痰热咳嗽，咽喉不利，咯血，吐血，衄血，便血，消渴，淋浊；外治疮疡，损伤瘀肿，烫伤及冻疮。

【食用价值】萝卜内含有大量纤维素，糖化酶，维生素 C，B 族维生素，磷、钾、镁等微量元素，含有的芥子油可促进胃肠蠕动，有助于排出体内废物，对便秘和“青春痘”都有很好的治疗作用。萝卜含多种酶，能分解和清除致癌物质亚硝酸铵；所含木质素，能增强巨噬细胞活力，可吞噬癌变细胞。

【药用举例】

1. 治反胃吐食：萝卜捶碎，蜜煎，细细嚼咽。

2. 治急慢性支气管炎咳嗽：萝卜切成薄片，放于碗中，上面放饴糖 2 ～ 3 匙，搁置一夜，即有溶成的萝卜糖水，频频饮服。

【药膳举例】

1. 萝卜粥：准备萝卜、粳米适量。将萝卜洗净切成小块，与粳米一起放入锅内加适量清水煮成粥，煮熟后放入少许食盐调味即可食用，有止咳化痰、下气宽中、解毒、消食、除燥生津、利尿之功效，适用于年老、体弱、慢性支气管炎、食积饱胀、糖尿病等人群。

2. 清炖羊肉萝卜汤：羊肉500g，萝卜1000g，料酒、葱、姜、盐、鸡精、胡椒粉适量。羊肉洗净切块和未去皮的生姜一起放入炖锅内，加水没过羊肉和萝卜，加入料酒，炖熟，然后加入鸡精、盐、胡椒即可。具有补肾壮阳、补虚温中、抗衰老的功效，一般人群均可食用，尤适宜于男士。

【使用注意】脾胃虚寒者不宜生食。服补药者忌之。

114 野山楂

【别名】小叶山楂、山果子、酸枣子。

【来源】蔷薇科植物野山楂 *Crataegus cuneata* Sieb. et Zucc. 的果实。秋季果实成熟时采收，置沸水中略烫后干燥或直接干燥。鲜用或晒干。

【生长特征】生于荒山坡、溪边、路边疏林及灌丛中。

【性味归经】酸、甘，微温。归胃、脾、肝经。

【主要功效】消食健胃，行滞散瘀。主治肉食积滞，胃脘胀满，泻痢腹痛，瘀血经闭，产后瘀阻，心腹刺痛，疝气疼痛。

【食用价值】其含有丰富的营养物质。据研究，每100g山楂果中含有水分73.1g，蛋白质0.7g，脂肪0.2g，灰分0.8g，碳水化合物22g，粗纤维3.1g，胡萝卜素100mg，硫胺素0.02mg，核黄素0.02mg，抗坏血酸53mg，钙52mg，钾299mg，钠5.4mg，铁0.9mg，镁19mg，锰0.24mg，锌0.28mg，铜0.1mg，磷24mg，硒1.22μg，烟酸0.4mg。具有开胃消食、降血压、降血脂、软化血管、抗衰老、美颜、增强人体免疫力的功效。本品可生吃，也可加工成果脯、蜜饯、糕点。

【药用举例】

1. 治泻痢腹痛：野山楂、鸡矢藤各10g，水煎服。

2. 治冻疮肿痛：野山楂、桂枝各10g，泡酒精100mL，外搽患处。

【药膳举例】

1. 生野山楂：取新鲜野山楂适量洗净当水果食用，有健胃消积、收敛止血、散瘀止痛之功效，适用于消化不良、小儿麻疹、产妇腰痛、妇女崩带、老人腰痛等人群。

2. 野山楂茶：准备山楂 10g，山楂根 10g。将山楂和山楂根洗净后放入锅里，再加适量清水煮水取汁当茶饮，有消食、开胃和中之功效，适用于食积腹胀、消化不良等人群。

【使用注意】孕妇慎用，脾胃虚弱者慎服，服人参者忌之。

115 野葛

【别名】干葛、葛。

【来源】豆科植物野葛 *Pueraria lobata*（Willd.）Ohwi 的根。冬季采收，鲜用或晒干。

【生长特征】葛生长快，易栽培、抗逆性强，具有抗寒、抗热、耐旱、耐瘠薄、抗病虫等生物学特性，适应性广。

【性味归经】甘、辛，凉。归脾、胃经。

【主要功效】解肌退热，生津止渴，透疹，升阳止泻，通经活络，解酒毒。用于外感发热头痛，项背强痛，口渴，消渴，麻疹不透，热痢，泄泻，高血压，中风偏瘫，胸痹心痛，酒毒伤中。

【食用价值】葛根的主要成分异黄酮类、三萜类、皂苷类、多糖类等以及人体必需氨基酸、人体必需的矿物质和微量元素，具有保护肝脏、改善血液循环、预防心脑血管疾病、丰胸美颜之效。

【药用举例】

1. 治太阳病，项背强几几，无汗恶风：葛根60g，麻黄45g（去节），桂枝30g（去皮），生姜45g（切），甘草30g（炙），芍药30g，大枣12枚（擘）。上七味，以水2000mL，先煮麻黄、葛根，减400mL，去白沫，纳诸药，煮取600mL，去渣，温服200mL，覆取微似汗。

2. 治太阳病，桂枝证，医反下之，利遂不止，脉促（表未解也），喘而汗出：葛根120g，甘草30g（炙），黄芩45g，黄连

45g。上四味，以水1600mL，先煮葛根，减400mL，纳诸药，煮取400mL，去滓，分温再服。

【药膳举例】

1. 葛粉羹：准备野葛根粉250g，菊花15g，淡豆豉150g，生姜和葱白丝各9g，精盐6g。将姜、豆豉、菊花放入清水中小火煮20分钟，去渣取汁烧沸，调入葛根粉，加水调成的芡汁煮沸，加盐调味即可。有解肌生津、除烦之功效，适用于高血压、糖尿病等阴虚证（症见口干、口渴、心烦），月经不调，失眠等人群。

2. 香辣葛粑：把葛粑切成厚块，待锅中油热后放入葛粑片煎炸至两面焦黄色捞出，锅内底油加干红辣椒、蒜翻炒，放入炸好的葛粑，加盐、葱、生抽，翻炒均匀即可。

【使用注意】不可多服，恐损胃气。胃寒者慎用。夏日表虚汗多者忌用。低血压、低糖患者忌食。

116 梅

【别名】乌梅、酸梅、青梅。

【来源】蔷薇科植物梅 *Prunus mume*（Sieb.）Sieb.et Zucc 的果实。5～6 月果实近成熟时采收，鲜食或制成乌梅用。

【生长特征】梅喜欢温暖的气候条件。

【性味归经】酸、涩，平。归脾、肺、肝、大肠经。

【主要功效】敛肺，涩肠，生津，安蛔。用于肺虚久咳，久泻久痢，虚热消渴，蛔厥呕吐腹痛。

【食用价值】青梅果中营养物质丰富，含有所有人体必需氨基酸，尤其富含有机酸；维生素含量丰富，其中维生素 B_2 含量可达苹果、梨、桃等其他水果的数百倍；青梅果中钙、磷、铁、锌等矿物质的含量丰富，钙磷比合理。具有降血脂、促进消化、减肥瘦身、调节酸碱平衡、延缓衰老的功效，常被加工成蜜饯类青梅果、青梅果汁、梅酒、梅子酱（醋）。

【药用举例】

1. 治咽喉肿痛：乌梅 30g，金银花 60g，雄黄 12g。共为细末，炼蜜为丸，每丸 3g，每次含化 1 丸，徐徐咽下，每日 3 次。

2. 治细菌性痢疾：乌梅 18g，香附 12g。水煎服，每日 2 次。

【药膳举例】

1. 梅子汤：准备乌梅 30g，麦冬 15g。将乌梅、麦冬一起放入砂锅里，再加适量清水煎汤取汁服用。有除烦止渴、生津养阴之功效，适用于五心烦热、口干舌燥等人群。

2. 青梅酒：准备青梅250g，高度白酒1000g，冰糖500g。将青梅、冰糖放入容器里，加入高度白酒浸泡1～2个月即可。有和胃止呕、止泻之功，适用于肠胃不和、呕吐腹泻等人群，特别适合于夏天，有解暑热作用。

3. 梅子渍白糖：准备青梅500g，白糖200g。将青梅洗净后沥干，放入容器中加入白糖密封放置阴凉处数周即可。每日吃1～2枚白糖梅子，有生津解渴、清热解毒之功效，适用于咽喉肿痛、口舌生疮、口干舌燥等人群，亦可以预防肠道传染病。

【使用注意】不宜多食久食，有实邪者忌服，胃酸过多者慎服。

117 黄豆

【别名】黄大豆。

【来源】豆科植物大豆 *Glycine max*（L.）Merr. 的种皮黄色的种子。7～9月采收，鲜用或晒干。

【生长特征】全国各地均有栽培，喜暖，喜排水良好、富含有机质、pH 值为 6.2～6.8 的土壤。

【性味归经】甘，平。归脾、胃、大肠经。

【主要功效】健脾宽中，润燥消水。用于疳积泻痢，腹胀羸瘦，妊娠中毒，疮痈肿毒，外伤出血。

【食用价值】大豆富含蛋白质、脂肪、糖、钙、磷、铁、胡萝卜素、维生素 B_1、维生素 B_2、维生素 E、烟酸、大豆低聚糖、大豆异黄酮、大豆磷脂、大豆多肽、大豆膳食纤维，具有预防心脑血管疾病、防治便秘和腹泻、提高免疫力、美白护肤、防癌抗癌、降低血脂等功效。

【药用举例】

1. 治单纯性消化不良：黄豆 500g，血藤 5kg。将血藤煮取汁，浓缩前把磨好的豆浆倒进血藤汁中煮沸 20 分钟，过滤去渣，浓液烘干研粉备用。小儿每次 0.5～1.0g，每日服 4 次。

2. 治手足肿痛：黄豆 30g，白矾 6g，花椒 9g。水煎，乘热先熏后洗，每日 1 次。

【药膳举例】

1. 黄豆浆：准备黄豆 50g。将黄豆用清水浸泡 6 个小时，放入豆浆机里打成豆浆即可，有补中益气、健脾利湿之功效，适用于脾胃虚弱、气血不足、消瘦萎黄、脾虚水肿、脚气病等人群。

2. 黄豆炒肉：准备黄豆200g，猪肉250g，辣椒、食盐等调料适量。将黄豆放入锅里用中火炒煸香备用，猪肉洗净切片后放入锅中炒七成熟，加入辣椒、料酒、生抽等调料，出锅洒上少许食盐拌匀即可。有补虚强身、益气养血之功效，适用于贫血、气短、慢病等人群。

3. 黄豆芫荽汤：黄豆50g，干芫荽3g，白萝卜3片。水煎服，具有预防感冒之效。

【使用注意】不可多食，不可生食，婴幼儿、肾病患者、痛风患者、消化性溃疡患者忌食。

118 绿豆

【别名】青小豆。

【来源】豆科植物绿豆 *Phaseolus radiatus* L. 的种子。立秋后种子成熟时采收，鲜用或晒干。

【生长特征】绿豆喜温，生育期间需要较高的温度，生育后期不耐霜冻。

【性味归经】甘，凉。归心、胃经。

【主要功效】清热解毒，消暑，利水。主治暑热烦渴，水肿，泻痢，丹毒，痈肿，药食中毒。

【食用价值】含有蛋白质、多种氨基酸、碳水化合物、膳食纤维、维生素A、胡萝卜素、维生素B、烟酸、维生素E及钙、磷、钾、钠、镁、铁、锌、硒、铜、锰等元素，具有降血脂、降胆固醇、抗菌、抗过敏、抗肿瘤、增加食欲、保肝护肾的功效。

【药用举例】

1. 治漆疮：绿豆60g，薏苡仁30g，洗净加水适量，煨烂，加白糖适量，连汤吃，顿服，每日1剂。另用生绿豆60g，开水浸泡12小时，取出捣烂成糊状，外敷患处，每日数次。

2. 治中暑：绿豆500g，甘草30g，加水5000mL，煮至绿豆开花，冷后成茶饮。

【药膳举例】

1. 绿豆汤：准备绿豆100g，水2000mL。将绿豆用水清洗后，放入锅里，加水2000mL，大火烧开后改为小火慢煮，绿豆皮煮开后即可。取汁当茶饮，有清热解毒、消暑、利水、除烦渴、解热药毒之功效，适用于暑热、泻痢、小便胀满、痈肿痘烂、酒精中毒（醉酒）等人群。

2. 绿豆粥：准备绿豆 100g，粳米 100g。将绿豆用水浸泡 6 小时捞出备用，粳米用水清洗后与绿豆一起放入砂锅里，加入适量清水，大火烧开后改为小火慢煮 2 小时左右即可，放凉后温服。有补中益气、清暑热、静烦润燥、解毒热之功效，适用于年老体虚、中暑、五心烦热、头痛等人群。

【使用注意】脾胃虚寒滑泄者慎食。一般不宜冬季食用。不宜与温补药同用。绿豆忌用铁锅煮。

119 黄瓜

【别名】胡瓜、王瓜、刺瓜。

【来源】葫芦科植物黄瓜 *Cucumis sativus* L. 的果实。6 ～ 7 月间采取果实，鲜用。

【生长特征】喜温暖气候。不耐高温，不耐寒冷。

【性味归经】甘，凉。归脾、胃、肺经。

【主要功效】除热，利水，解毒。主治热病烦渴，小便短赤，水肿尿少，水火烫伤，汗斑，痱疮。

【食用价值】黄瓜细嫩清香，味道鲜美，是夏季的主要瓜菜之一。黄瓜含水量丰富，还含有微量的胡萝卜素、维生素 C 及糖类、蛋白质、钙、磷、铁等。同时，黄瓜含有的细纤维素，对促进肠道中腐败食物的排泄和降低胆固醇，有着一定的作用。据研究证实，鲜黄瓜中含有的丙醇二酸，可以抑制糖类物质转变为脂肪，对体重过重和有肥胖倾向的人，多吃黄瓜有减肥的好处。

【药用举例】

1. 治烫伤：鲜黄瓜洗净，捣烂以汁涂患处。

2. 治火眼赤痛：取老黄瓜 1 根，上开小孔，去瓤，入芒硝令满，悬阴处，待硝透出刮下，留点眼。

3. 治小儿热痢：嫩黄瓜 1 根捣烂调蜂蜜吃。

【药膳举例】

1. 凉拌黄瓜：黄瓜 1 ～ 2 根，干辣椒、葱花、蒜末、食盐、味精、花生油等适量。把黄瓜洗净切成块，干辣椒切成两段，在碗中放入黄瓜块、葱花、蒜末、食盐、味精，拌匀腌制10分钟，倒出水分，然后用少量花生油把部分蒜末炒出香味，倒入适量醋，最后把干辣椒段炒香倒入腌制好的黄瓜块上拌匀即可食用，具有美容养颜功效。

2. 黄瓜消肿汤：老黄瓜皮30g，加水2碗，煎至1碗，每日2～3次。或黄瓜1根破开，以醋煮一半，水煮一半至烂，合并一处，空心食下。适用于四肢浮肿、小便不利等症。

【使用注意】中寒吐泻及病后体弱者禁服。

120 菊芋

【别名】洋姜、番羌。

【来源】菊科植物菊芋 *Helianthus tuberosus* L. 的块茎。秋季采挖块茎，洗净，鲜用或晒干。

【生长特征】菊芋适应能力强，耐寒、耐旱、耐盐碱，山坡、路边均可生长。

【性味归经】甘、微苦，凉。归肝、心经。

【主要功效】清热凉血，消肿接骨。主治热病，肠热出血，跌打损伤，骨折肿痛。

【食用价值】菊芋块茎富含氨基酸、糖、维生素、菊淀粉、低聚糖等物质。菊芋中的碳水化合物八成是菊淀粉。菊淀粉又称菊糖或菊粉，是目前发现的少有的几种可溶性膳食纤维之一。其热值低，具有非胰岛素依赖和非龋性等特点，被作为优质的膳食纤维源和脂肪替代物，广泛用于乳制品、面包、糖果、饮料、调味品、功能性食品和保健品等食品的制作。

【药用举例】

1. 治热病后津伤口渴，肺燥咳嗽：菊芋、荸荠各适量，洗净去皮，榨汁，加白糖适量调匀，饮服，每日 2 次。

2. 治糖尿病：鲜菊芋 30 ～ 60g，水煎服，每日 1 剂。

【药膳举例】

1. 醋泡菊芋：菊芋 1500g，盐、米醋、生抽、黄辣椒酱、小米椒水适量。菊芋洗净，在淡盐水中泡 15 分钟，沥干，切成薄片，撒上盐，腌至出水，用凉开水清洗备用。在冷开水中加入米醋、生抽、黄辣椒酱和小米椒水，用筷子搅拌均匀即可制成泡汁。将处理过的菊芋片放入干净的密封瓶中，倒入提前准备好的泡汁，密封好，入冰箱冷藏3天即可食用，适用于糖尿病、高血脂人群。

2. 菊芋粥：菊芋100g，洗净切碎，大米100g，淘洗干净，加水适量，同煮成粥，调入食盐、香油后即可食用，适用于糖尿病、浮肿、小便不利者。

3. 腌菊芋：菊芋5kg，洗净切片，凉至半干，拌盐后放入坛中腌制约半个月。腌好后的菊芋可清炒，可凉拌，适用于糖尿病且胃口不好者。

【使用注意】内热体质人群慎食。不宜与鸡蛋、高热量食物同时食用。

121 菝葜

【别名】金刚藤、乌鱼刺、金刚刺。

【来源】百合科植物菝葜 *Smilax china* L. 的根茎。秋末至次年春采挖，除去须根，洗净，切片晒干。

【生长特征】生长于海拔 2000m 以下的林下灌木丛中、路旁、河谷或山坡上。

【性味归经】甘、微苦、涩，平。归肝、肾经。

【主要功效】利湿去浊，祛风除痹，解毒散瘀。用于小便淋浊，带下量多，风湿痹痛，疔疮痈肿。

【食用价值】根茎含薯蓣皂苷元和多种由薯蓣皂苷元构成的皂苷，又含生物碱、酚类、氨基酸、有机酸、糖类。菝葜有很好的排毒的作用，对于解毒有好处，而且有消肿止痛的功效，对于提高体质、预防疾病有好处。

【药用举例】

1. 治牛皮癣：取菝葜 20 ～ 40g，温开水 1500mL 浸泡 10 小时，煮沸 40 ～ 80 分钟，每日分 2 ～ 3 次饭后服。

2. 治乳糜尿：菝葜根茎、楤木（乌不宿）根各 30g。水煎，分早晚 2 次服。

3. 治尖锐湿疣：拔葜 500g，甘草 25g。水煎服，每日 2 次。

【药膳举例】

1. 拔葜煮肥猪肉：菝葜 250g，肥猪肉 100g。将菝葜洗净，切细，浸入 3000 ～ 3500g 水中，用文火煎熬 3 小时后去渣，加入肥肉 100g，再煎熬 1 小时即可，喝汤食肉，具有解毒、散肿毒的功效，适用于食管癌、胃癌、直肠癌患者人群的辅助治疗。

2. 菝葜白糖水：菝葜 250g，白糖 25g。菝葜捣碎后煎汤，汤沸后加糖，每日服，适用于妇女赤白带下。

【使用注意】对气质热性体质者有不良影响，需酌情配伍适当的药物。忌醋和茶。

122 黄花菜

【别名】羊角菜、萱草、忘忧草、金萱草花。

【来源】百合科植物黄花菜 *Hemerocallis citrina* Baroni 的未开放或初开的花蕾。6～8 月采收未开放的饱满花蕾，蒸熟用或蒸熟晒干。

【生长特征】生于田野、荒地，耐瘠，耐旱，对土壤要求不严。

【性味归经】甘、凉。归肝、脾、心经。

【主要功效】利湿热，解郁，凉血。主治小便短赤，黄疸，胸膈烦热，夜少安寐，痔疮出血，疮痈。

【食用价值】黄花菜具有很高的营养价值，碳水化合物、蛋白质、脂肪 3 大营养物质含量分别占到 60%、14%、2%，此外，磷的含量高于其他蔬菜。对人体健康，特别是胎儿发育，甚为有益，因此，可作为孕妇、产妇的食品。

【药用举例】

1. 治急性黄疸型肝炎：黄花菜 30g，泥鳅 100g。共煮汤调味食用，每日 1 次。

2. 治痢疾：黄花菜、马齿苋各 50g，红糖 100g。水煎服，或黄花菜炖冰糖服。

3. 治急性乳腺炎：黄花菜 60g，猪蹄 1 个。共放砂锅中加水适量，煮至猪蹄烂熟，饮汤食肉，不加作料。

【药膳举例】

1. 二花煎：黄花菜 30g，合欢花 10g。黄花菜、合欢花水煎半小时，去渣加蜂蜜适量同煎 2～5 分钟即可，睡前饮服，适用于心烦不安，少寐。

2. 黄花菜炖猪脚：新鲜黄花菜 30g，猪前脚 1 个。猪脚洗净剁块，开水焯，加入黄花菜炖至猪脚烂熟后食用，适用于产后乳汁不下，或乳汁少等症。

【使用注意】食用时要焯水。黄花菜鲜花中含有秋水仙碱，在人体内由秋水仙碱转化为二氧秋水仙碱而使人中毒，应将鲜黄花菜经 60℃以上高温处理，或用凉水浸泡。吃时用沸水焯的时间稍长一些，以免中毒。长时间干制也可破坏秋水仙碱。

123 鸽子

【别名】鹁鸽、家鸽、飞奴、鸽。

【来源】鸠鸽科动物原鸽 *Columba livia* Gmelin、家鸽 *Columba livia domestica* Linnaeus、岩鸽 *Columba rupestris* Pallas 的肉。四季均可捕取，鲜用或干燥。

【生长特征】鸽子具有强烈的归巢性。白天活动，晚间归巢栖息。无论是野鸽还是家鸽，均是以植物性食料为主。

【性味归经】咸，平。归肺、肝、肾经。

【主要功效】滋阴壮阳，补肝肾，益气血，祛风解毒，和血调经止痛。主治虚羸，消渴，妇女干血痨，闭经，疟疾，肠风下血，恶疮疥癣。

【食用价值】鸽肉为高蛋白、低脂肪食品，富含蛋白质、胆素、软骨素、支链氨基酸、精氨酸、泛酸以及钙、铁、铜等矿物质和维生素 A、维生素 B、维生素 E。具有滋补益气、祛风解毒、补血活血的功效，有益于防止动脉硬化，防止脱发、白发和未老先衰，增加皮肤弹性，改善血液循环，加快伤口愈合。对病后体弱、血虚闭经、头晕神疲、记忆衰退有很好的补益治疗作用。

【药用举例】

1. 治子宫脱垂：乳鸽 1 只取肉切块，炙黄芪 30g，枸杞子 30g。用纱布包好，共放炖盅内加水适量，隔水炖熟，去药渣饮汤吃鸽肉，隔天 1 次。

2. 治消渴：白鸽 1 只，去毛及内脏，切小块，怀山药、玉竹各 30g，共炖熟，调味后食肉饮汤。

3. 治久疟：鸽子 1 只，去毛及内脏，蒸食。

【药膳举例】

1. 黄芪杞子炖乳鸽：乳鸽 1 只，黄芪 30g，枸杞子 30g。将乳鸽去毛及内脏与黄芪、枸杞子同放炖盅内，加水适量，隔水炖熟。饮汤吃肉，一般 3 天炖 1 次，3 ～ 5 天为 1 个疗程。具有补心益脾、固摄精气的功效，对于早泄、阳痿、体倦乏力、自汗、心悸的人群有较好的疗效。

2. 参归鸽肉汤：鸽 1 只取肉，党参 15g，当归 9g，加水煨汤服。具有补益气血的功效，对久病虚羸少气、妇女血虚经闭有较好的疗效。

【使用注意】不宜食用过多，肝火旺盛的孕妇慎食，食积胃热的人群不宜食用。

124 黄鳝

【别名】鳝鱼、田鳝。

【来源】合鳃科动物黄鳝 *Monopterus albus*（Zuiew）的肉。4～10月捕捉，个大者更佳，鲜用或制成肉干。

【生长特征】主要栖息于稻田、河流、池塘、沟渠、湖泊等泥质地水域，以及沼泽、湿地、被水淹没的田野等地方。

【性味归经】甘，温。归肝、脾、肾经。

【主要功效】益气血，补肝肾，强筋骨，祛风湿。主治虚劳，疳积，阳痿，腰痛，腰膝酸软，风寒湿痹，产后淋沥，久痢脓血，痔瘘，臁疮。

【食用价值】黄鳝肉嫩味鲜，营养价值甚高。鳝鱼中含有丰富的DHA和卵磷脂，它们是构成人体各器官组织细胞膜的主要成分，而且是脑细胞不可缺少的营养物质。它所含的特种物质“鳝鱼素”能降低血糖和调节血糖，对糖尿病有较好的治疗作用，加之所含脂肪极少，因而是糖尿病患者的理想食品。

【药用举例】

1. 治虚痨咳嗽：黄鳝250g，冬虫夏草3g。煮汤食用。

2. 治小儿疳积：黄鳝3条（切碎），香薷10g。炖服。

【药膳举例】

1. 黄芪黄鳝汤：黄鳝500g，干怀山药15g，红枣6枚，瘦肉200g，陈皮1小块，北芪20g，姜3片，水1600mL（3～4人份）。将黄鳝剖好，不起骨，洗净，汆水捞起再搓净；瘦肉洗净切块，汆水捞起；黄芪、怀山药和红枣洗净，红枣拍扁去核，陈皮洗净，刮去内瓤，煮沸清水，放入所有材料，大火煮 20 分钟，再转小火煲一个半小时，下盐调味即可食用。适合产妇坐月子时补气血。

2. 怀山黄鳝汤：主料为黄鳝，辅料为山药、香菇、香菜，调料用盐、味精、白糖、胡椒粉、料酒。将黄鳝用面粉洗净去其黏液，锅中加水，调入料酒后放入鳝鱼段，焯烫片刻备用；将山药切滚刀块，过水略焯后取出，过油炸至表面微黄取出备用；锅中留底油，爆香葱姜后加入香菇、鳝鱼，加料酒，冲入适量开水，放入山药大火烧开后转小火炖 5 分钟，加盐、胡椒粉、白糖、味精调味，撒入香菜即可。该汤营养丰富，适合脾、胃、肾虚弱人群。

【使用注意】虚热及外感病患者慎服，瘙痒性皮肤病者忌食。

125 紫云英

【别名】翘摇、红花菜、草籽。

【来源】豆科植物紫云英 *Astragalus sinicus* L. 的嫩茎叶、全草。供蔬食。开春时，采摘嫩茎叶鲜用，待快开花时采摘全草晒干。

【生长特征】生于溪边或森林中潮湿处、山坡、山径旁。海拔 400 ～ 3000m 均可生长。

【性味归经】微甘、辛，平。归心、肝、肺经。

【主要功效】清热解毒，祛风明目，凉血止血。治疗风痰咳嗽，咽喉痛，疮疖，带状疱疹，火眼，外伤出血，齿衄，月经不调，血小板减少性紫癜。

【食用价值】全草含蛋白质、多种维生素、组氨酸、精氨酸、丙二酸、刀豆氨酸、葫芦巴碱、胆碱、腺嘌呤等，具有改善厌食、精神不振、气血虚弱的功效。

【药用举例】

1. 治疮疖肿痛，痔疮：紫云英适量，捣汁外敷。内痔用 30g 煎水服。

2. 治风痰咳嗽：紫云英（白花）干全草 30g，白马骨 15 ～ 18g，水煎服，早晚饭前各服 1 次。

【药膳举例】

清炒紫云英：紫云英嫩茎叶 500g，食盐少许。将紫云英芽洗净后备用，锅里放菜油烧成七成热，再放入紫云英翻炒熟，出锅前放食盐调味即可，有清热解毒、利尿消肿之功效，适用于风痰咳嗽、火眼、疖疮、带状疱疹、咽喉痛等人群。

【使用注意】不可大量食用，脾胃虚寒者慎食，孕妇忌食。

126 落花生

【别名】花生、落花参、番豆、长生果、落地松。

【来源】豆科植物落花生 *Arachis hypogaea* L. 的种子。秋末采收，鲜用或晒干。

【生长特征】全国各地均有栽培，喜气候温暖、排水良好的沙壤土。

【性味归经】甘，平。归脾、肺经。

【主要功效】润肺化痰，健脾养胃。主治肺燥咳嗽，反胃，脚气，乳妇奶少，大便燥结。

【食用价值】富含油酸、卵磷脂、氨基酸、花生碱、甜菜碱、胆碱、维生素 B_1、维生素 C、β–谷甾醇、菜油甾醇、胆甾醇、木聚糖、葡萄甘露聚糖及磷、钙、镁、锌、硒等元素，具有降压降脂、预防心脑血管疾病、美容护肤、延缓衰老、提高机体免疫力的功效。

【药用举例】

1. 治久咳、秋燥、小儿百日咳：落花生（去嘴尖），文火煎汤调服。

2. 治脚气：生落花生肉（带衣用）100g，赤小豆 100g，红皮枣 100g。煮汤，每日数次饮用。

【药膳举例】

1. 落花生粥：落花生 45g（不去红衣），粳米 100g，冰糖适量。将落花生洗净后捣碎，加入粳米，同煮为粥，待粥将成时，加入冰糖稍煮即可，有健脾开胃、润肺止咳、养血通乳之效，适用于肺燥干咳、贫血、产后乳汁不足人群。

2. 花生排骨汤：准备落花生250g，排骨500g，调料适量。将花生洗净后备用，排骨切段氽入开水中3分钟左右，捞出过水后放入砂锅中，加入适量清水，放生姜数片、肉桂2小片，大火烧开后改为小火慢炖2小时，再加入落花生，落花生断生后洒上食盐和少许白糖，再炖5分钟左右即可出锅食用，有温中补虚、开胃健脾之功效，适用于食欲不振、消化不良、年老体虚等人群。

【使用注意】体寒湿滞及肠滑便泄者不宜服。生霉的落花生不可食，致癌。

127 酢浆草

【别名】老鸦酸、酸酸草、三叶酸。

【来源】酢浆草科植物酢浆草 *Oxalis corniculata* L. 的全草，除去杂质，鲜用或晒干。嫩茎叶可鲜食。

【生长特征】生于山坡草地、河谷沿岸、田边、荒地或路旁。

【性味归经】酸，寒。归肝、肺、膀胱经。

【主要功效】清热利湿，凉血散瘀，消肿解毒。主治感冒发热，泄泻，痢疾，黄疸，淋病，赤白带下，麻疹，吐血，衄血，咽喉肿痛，疔疮，痈肿，疥癣，痔疾，脱肛，跌打损伤，烫伤。

【食用价值】茎叶含多量草酸盐、柠檬酸、酒石酸、苹果酸、抗坏血酸、去氢抗坏血酸、蛋白质、碳水化合物、胡萝卜素、硫胺素、核黄素及钙、磷、铁等元素。

【药用举例】

1. 治水泻：酢浆草 9g，加红糖水煎服。

2. 治传染性肝炎：鲜酢浆草 50g 洗净，沸水中焯一下，猪肉 50g，切片，一起炖熟，每日 1 剂，连服 1 周。

3. 治咳喘：鲜酢浆草 30g，紫菀 9g。水煎服。

【药膳举例】

1. 酢浆草汤：准备酢浆草 100g，将酢浆草用清水洗后放砂锅里，加适量水煎成汤汁内服，有解热利尿、消肿散瘀之功效，适用于小便不利、感冒发热、尿路感染、跌打损伤等人群。

2. 酢浆草粥：鲜酢浆草茎叶 100g，洗净，入沸水中焯一下，捞出切碎。油锅烧热，加入猪油、葱花、酢浆草炒至入味。粳米150g，煮至浆成粥，倒入炒好的酢浆草，煮沸搅匀即可。具有补肺泻肝、消肿解毒、清热利湿的功效。

【使用注意】孕妇及体虚者慎服。

128 葡萄

【别名】蒲桃、草龙珠、山葫芦。

【来源】葡萄科植物葡萄 *Vitis vinifera* L. 的成熟果实。9～10 月采摘成熟果大的果实，鲜用或晒干。

【生长特征】葡萄对水分要求较高，葡萄在正常生长期间必须要有合适强度的光照，葡萄虽然在各种土壤均能栽培，但以壤土及细砂质壤土为最好，沙质土虽透气性能好，但保肥保水能力较差。

【性味归经】甘、酸，平。归肺、脾、肾经。

【主要功效】补气血，益肝肾，强筋骨，利小便。主治气血虚弱，肺虚咳嗽，心悸盗汗，烦渴，风湿痹痛，淋证，浮肿。

【食用价值】成熟的葡萄含糖量高达 10% ～ 30%，以葡萄糖为主，又含各种花色素的单葡萄糖苷和双葡萄糖苷，还含有矿物质钙、钾、磷、铁以及维生素 B_1、维生素 B_2、维生素 B_6、维生素 C 和维生素 P 等，还含有多种人体所需的氨基酸。葡萄含葡萄糖、果糖，少量蔗糖、木糖，以及酒石酸、草酸、柠檬酸、苹果酸。葡萄中的多种果酸有助于消化，适当多吃些葡萄，能健脾和胃。

【药用举例】

1. 治热淋，小便涩少，碜痛沥血：葡萄（绞取汁）100mL，藕汁 100mL，生地黄汁 100mL，蜜 80g。上相和，煎为稀汤，每于食前服 40mL。

2. 除烦止渴：生葡萄捣滤取汁，以瓦器熬稠，入熟蜜少许，同收，点汤饮。

【药膳举例】

1. 葡萄甘蔗汁：新鲜葡萄、甘蔗及生藕节各500g，清水洗净，分别绞榨后去渣留汁，三汁混匀，每日分3次慢饮慢咽。适用于尿频尿急、小便出血及急性声音嘶哑等症。

2. 葡萄玉米浓汤：葡萄皮50g，葡萄籽50g，鲜玉米粒100g。新鲜葡萄洗净压碎，挑出葡萄皮及葡萄籽并洗净，玉米洗净榨汁，同时放入汤锅加水200mL，慢火煮至汁液沸腾后，再煮3～5分钟关火盛出，温凉时服用。适用于高血脂、动脉粥样硬化等人群。

【使用注意】阴虚内热、胃肠实热或痰热内蕴者慎服。

129 葫芦瓜

【别名】瓠瓜、瓠匏、壶卢。

【来源】葫芦科植物葫芦 *Lagenaria siceraria*（Molina）Standl. 的果实。秋季采摘已成熟但外皮尚未木质化的果实，去皮用。

【生长特征】喜温暖气候，不耐低温，喜光。全国各地均有栽培。

【性味归经】甘、淡，平。归肺、脾、肾经。

【主要功效】利水，消肿，通淋，散结。主治水肿，腹水，黄疸，消渴，淋证，痈肿。

【食用价值】葫芦瓜含有丰富的营养。富含蛋白质、脂肪、糖类、钙、磷、铁，还含有胡萝卜素、维生素 B_1、维生素 B_2、维生素 C、烟酸等营养成分。葫芦瓜是一种良好的利尿食品，有显著的利尿通淋作用。现代医学认为，葫芦瓜中还含有一种干扰素的诱生剂，可刺激机体产生干扰素，提高机体的免疫能力，有抗癌、防癌、抗病毒的作用。葫芦瓜还可治疗肾炎，亦可作心脏病等疾病的辅助治疗食品。

【药用举例】

1. 治腹胀黄肿：用葫芦瓜烧存性，每服 1 个，食前白汤送食。

2. 治水肿，小便不利，湿热黄疸，肺燥咳嗽：鲜葫芦瓜 1 个，捣烂，绞取汁液，每次用 1 小碗（约 50mL），加入适量蜂蜜调服。

【药膳举例】

1. 葫芦汁：鲜葫芦 1 个，捣烂，绞取汁液。每次用 1 小碗，加入适量蜂蜜调服。适用于水肿、小便不利，湿热黄疸，或肺燥咳嗽者。

2. 葫芦虫笋汤：葫芦瓜 60g，切片，虫笋 30g，切段，加水煎汤服。适用于水肿小便不利者。

3. 葫芦西瓜片：葫芦瓜 1 个，西瓜翠衣 200g。葫芦瓜洗净去皮切片，西瓜翠衣切片，同时清炒后食用。适用于肝硬化腹水、水肿、小便不利等症。

4. 葫芦瓜玉米须汤：葫芦瓜 60g，玉米须 30g，红枣 4 枚。水煮，取汤喝。适用于肾炎遍身浮肿、腹胀、小便不利者。

【使用注意】脾胃虚寒者不宜服用。味苦的葫芦瓜有毒，禁食用。

130 紫苏

【别名】苏叶、赤苏、臭苏、香苏。

【来源】唇形科植物紫苏 *Perilla frutescens*（L.）Britt. 的叶或带叶嫩枝。夏季枝叶茂盛时采收，除去杂质，鲜用或阴干。

【生长特征】生于山地、路旁、村边或荒地，亦有栽培。喜温暖、湿润气候，在阳光充足的环境下生长旺盛、产量较高。

【性味归经】辛，温。归肺、脾经。

【主要功效】解表散寒，行气和中，安胎，解鱼蟹毒。用于风寒表证，咳嗽痰多，胸脘胀满，恶心呕吐，腹痛吐泻，胎气不和，妊娠恶阻，食鱼蟹中毒。

【食用价值】紫苏叶的脂肪含量约为 5%，粗纤维含量约为 14.4%，粗蛋白含量高达 24.89% ～ 27.8%，远远超过普通蔬菜中粗蛋白的含量。紫苏叶中含有丰富的氨基酸，氨基酸总量和必需氨基酸总量分别为 25.14% 和 11.09%，种类达 18 种，并含有成人所必需的 8 种氨基酸。紫苏叶具有很强的抗氧化、防衰老能力。

【药用举例】

1. 治伤风发热：紫苏、防风、川芎各 3g，陈皮 1.5g，甘草 1g，加生姜 2 片，水煎服，每日 2 次。

2. 解食鱼蟹中毒：紫苏 60g，煎浓汁当茶饮，或加姜汁 10 滴调服。

【药膳举例】

1. 紫苏梗茶：紫苏梗9g，生姜6g，大枣10枚，陈皮6g，红糖15g。共煎取汁代茶饮用。适用于孕吐。

2. 紫苏生姜汤：紫苏、生姜各30g，煎汤用。适用于鱼蟹中毒引起的吐泻、腹痛。

3. 紫苏叶粥：粳米100g，紫苏15g，红糖适量。以粳米煮稀粥，粥成加入紫苏稍煮，加入红糖搅匀即成。适用于风寒感冒、咳嗽、胸闷不舒等。

4. 紫陈酒：干紫苏10g，陈皮10g，酒、水各半煎煮取汁服。治感寒呕吐。

【使用注意】食用时要焯水，阴虚、气虚及温病者慎服。

131 番薯

【别名】朱薯、甘薯、红薯、红苕、地瓜。

【来源】旋花科植物番薯 *Ipomoea batatas*（L.）Lamarck 的块根。秋、冬季收采，刨出块根，除去泥土。

【生长特征】喜温，怕冷，不耐寒，适宜的生长温度为22℃～30℃，温度低于15℃时停止生长。

【性味归经】甘，平。归脾、肾经。

【主要功效】补中和血，益气生津，宽肠胃，通便秘。主治脾虚水肿，便泄，疮疡肿毒，大便秘结。

【食用价值】番薯中的主要成分有各种维生素、碳水化合物、蛋白质、糖分和矿物质元素，这些物质很容易被人体吸收，能更好地补充微量元素，减少相关疾病发病率。番薯富含膳食纤维、钾、铁和维生素 B_6 等营养素，而且热量很低，被营养学家称为营养最均衡的保健食品。番薯中富含的胡萝卜素可以有效地抗氧化，能消除有致癌作用的自由基。番薯中含有的氨基酸成分，能补充人体所缺的多种氨基酸，对人体有特殊的保护作用，因此长期食用番薯能提高人体免疫力。

【药用举例】

1. 治乳疮：鲜番薯捣烂敷患处，见热即换，连敷数日。

2. 治疮毒发炎：鲜番薯洗净磨烂，敷患处，有消炎去毒生肌之效。

【药膳举例】

1. 番薯粥：番薯50g，小米30g。将番薯去皮切成小块，和小米一起熬煮成稀粥即可。可补血红颜，丰肌泽肤，促进毛发生长，使其乌黑有光泽。有养胃益肾、生津润燥之功，适用于胃弱阴虚、形瘦乏力、腰膝酸软者的辅助治疗。

2. 番薯炖狗肉：番薯500g，去皮切块，狗肉500g，切块，隔水同炖2～3小时，熟后加盐调味食用。适用于肾阳虚弱、夜尿频多的辅助治疗。

3. 煮番薯：番薯煮熟食。治湿热黄疸、习惯性便秘。

【使用注意】湿阻中焦，气滞食积者慎服。番薯在胃中产生酸，所以胃溃疡及胃酸过多的患者不宜食用。

132 番薯藤

【别名】红苕藤、番苕藤。

【来源】旋花科植物番薯 *Ipomoea batatas*（L.）Lamarck 的嫩茎叶。夏、秋季采收，晒干，生用或鲜用。

【生长特征】喜温，怕冷，不耐寒，适宜的生长温度为22℃～30℃，温度低于15℃时停止生长。

【性味归经】甘、涩，微凉。归肺、肾、大肠经。

【主要功效】清热解毒，消肿止痛，止血，止泻，通经。主治毒蛇咬伤，吐泻，便血，血崩，乳汁不通，痈疮。

【食用价值】每百克鲜番薯叶含蛋白质2.28g，脂肪0.2g，糖4.1g，钾16mg，铁2.3mg，磷34mg，胡萝卜素6.42mg，维生素C 0.32mg。将其与常见的蔬菜比较，矿物质与维生素的含量均属上乘，胡萝卜素含量甚至高过胡萝卜。因此，亚洲蔬菜研究中心已将番薯藤叶列为高营养蔬菜品种，称其为“蔬菜皇后”。研究发现，番薯藤叶有提高免疫力、止血、降糖、解毒、防治夜盲症等保健功能，经常食用有预防便秘、保护视力的作用，还能保持皮肤细腻、延缓衰老，在欧美、日本等地掀起一股“番薯藤叶热”。

【药用举例】

1. 治天热吐泻：番薯藤适量，煎水服用。

2. 治红崩：番薯藤适量，水蒸，兑甜酒服。

3. 治妇人乳少：番薯藤200g，猪腩肉250g，同煮，喝汤吃肉。

4. 治老年便秘：鲜番薯藤250g，水煮，顿服。

【药膳举例】

1. 清炒番薯叶：新鲜番薯藤嫩藤叶适量，加油盐炒熟，食用。适用于痔疮、便血者。

2. 番薯藤炖冬瓜：鲜番薯藤嫩藤叶60g，冬瓜100g，炖煮服。适用于糖尿病肺胃燥热型的辅助治疗。

【使用注意】食用时要焯水。肠胃积滞者，不宜多服。

133 棕榈子

【别名】败棕子、棕树果、棕子。

【来源】棕榈科植物棕榈 *Trachycarpus fortunei*（Hook. f.）H.Wendl. 的果实。霜降前后待果皮现青黑色时采收，晒干。

【生长特征】喜温暖湿润气候，喜光，耐寒性极强，稍耐阴，生于村边、庭园、田边、丘陵或山地。

【性味归经】苦、涩，平。归肝、肾、肺经。

【主要功效】收敛止血，涩肠固精。常用于肠风，吐血，衄血，便血，尿血，崩漏，带下，泻痢，遗精。

【食用价值】棕榈主要含棕榈油，油中有 500 ～ 700mg/kg 的类胡萝卜素（α、β 类胡萝卜素），在毛棕榈油中是很好的抗氧化剂，不过类胡萝卜素在精炼脱臭的过程中会因高温而遭到破坏。棕榈毛油中维生素 E 和三烯生育酚的含量为 600 ～ 1000mg/kg，精炼后仍可保留一半。维生素 E 和三烯生育酚是天然的抗氧化剂。棕榈油毛油中的胆固醇含量少于其他植物油，精炼后则更少。棕榈油是最稳定的植物油之一，这归功于棕榈油中存在天然抗氧化剂，且饱和脂肪酸与不饱和脂肪酸的比例较为平衡。

【药用举例】

1. 治肠炎：棕榈子 9 ～ 15g。水煎服。

2. 治跌扑损伤，腰痛下血，胎动不安：棕榈子炒研为末，每次 9g，茶酒送服。

【药膳举例】

1. 棕树果汤：棕榈子 25g。水煎服，每日 1 次。适用于高血压、多梦、遗精等症。

2. 棕榈子粥：棕榈子 50g，粳米 100g，白糖适量。棕榈子洗净，与洗净的粳米同放锅中加水煮成粥，加白糖食用。有蓄精养血、涩肠止泻的功效。

3. 棕榈猪肺汤：嫩棕榈子 250g，猪肺 1 个。二者洗净后同煮至熟，加食盐调味后食用。适用于支气管炎人群。

4. 棕榈炖肉：嫩棕榈子 50g，草血竭、小白薇各 15g，猪肉 200g。前三种洗净捣细，猪肉剁细，一起放入碗内调匀，加少许盐，隔水炖熟服用。适用于高血压人群。

【使用注意】血虚者忌服，孕妇禁用。

134 黑木耳

【别名】猫耳菌、耳子。

【来源】木耳科真菌木耳 *Auricularia auricula*（L.ex Hook.）Underw. 的子实体。夏秋采收，晒干。

【生长特征】寄生于阴湿、腐朽的树干上。

【性味归经】甘，平。归胃、大肠经。

【主要功效】补气养血，润肺止咳，止血，降压，抗癌。用于气虚血亏，肺虚久咳，咯血，吐血，衄血，崩漏，血痢，肠风痔血，高血压，子宫颈癌，阴道癌，便秘和跌打损伤。

【食用价值】黑木耳含有丰富的蛋白质、铁、钙、维生素、粗纤维，研究发现其中蛋白质含量和肉类相当，铁比肉类高 10 倍，钙是肉类的 20 倍，维生素 B 是一般蔬菜的 10 倍以上，对患有肥胖症、高血压、糖尿病、高血糖的病人非常有益。

【药用举例】

1. 治泻痢：黑木耳 50g（炒），鹿角胶 125g（炒如珠子）。共研为细末，日服 2 次，每次 15g，温酒调下。

2. 治妇女贫血体弱：黑木耳 25g，龙眼 15g，红枣 15 枚，冰糖适量。用小火焖烂服用。

【药膳举例】

1. 醋泡木耳：醋 500g，黑木耳 100g。先将黑木耳泡发后煮 8 ～ 10 分钟，放入醋中浸泡数小时，然后捞出黑木耳放在碗中，加少许食盐或生抽即可食用。可以补中益气、美容养颜、润肠通便、软化血管，适用于有气虚、便秘、高血压、高血脂等人群。醋泡黑木耳摄入过量会刺激胃黏膜，所以不建议多食。

2. 猪肝炒木耳：黑木耳 50g，猪肝 200g。先将黑木耳泡发后洗干净备用，猪肝切片下锅后翻炒，然后放入黑木耳炒熟，加入调料后即可食用。适用于贫血、月经量多、夜盲症等人群。

3. 莲藕炒黑木耳：黑木耳 50g，莲藕 300g。先将黑木耳泡发后洗干净备用，莲藕切片后与黑木耳一同下锅炒熟，再加入调料即可食用。有润肠通便之功效，适用于便秘、五心燥热、贫血等人群，但孕妇不可以过多地食用莲藕，脾胃虚寒、消化不良者亦不可多食。

【使用注意】不宜久泡。脾胃虚寒溏泻者慎服。

135 蒲公英

【别名】黄花地丁、婆婆丁。

【来源】菊科植物蒲公英 *Taraxacum mongolicum* Hand. –Mazz. 或同属数种植物的带根全草。春、夏开花前连根挖取，除净泥土洗净，鲜用或晒干。

【生长特征】生长于山坡草地、路旁、河岸沙地及田野间。

【性味归经】苦、甘，寒。归肝、胃经。

【主要功效】清热解毒，消肿散结，利尿通淋。用于疔疮肿毒，乳痈，瘰疬，目赤，咽痛，肺痈，肠痈，湿热黄疸，热淋涩痛。

【食用价值】蒲公英有较全面的营养物质，含有蛋白质、脂肪、碳水化合物及多种矿物质、微量元素和维生素。蒲公英中不仅含有蒲公英素、蒲公英醇、胆碱、有机酸、菊糖、葡糖糖苷等营养素，同时还含有人体中稀缺的抗肿瘤活性物质硒元素，蒲公英中的硒含量达到 14.7μg/100g，是自然界中罕见的富硒植物。蒲公英可以降低心肌耗氧量，使冠脉、脑血管流量增加，抗心律失常，软化血管，降血糖、血脂，抗氧化，消除体内自由基，起到抗衰老、增加机体免疫力的作用。

【药用举例】

1. 治急性乳腺炎：蒲公英 60g，香附 30g。水煎服，每日 1 剂。

2. 治肝炎：蒲公英干根 18g，茵陈蒿 12g，柴胡、生栀子、郁金、茯苓各9g。水煎服。

【药膳举例】

1. 蒲公英虾肉：蒲公英、对虾肉各30g，白芍9g。水煎服。适用于乳疮、乳少。

2. 蒲公英粥：蒲公英60g，粳米100g。蒲公英煎取药汁，去渣，加入粳米同煮为稀粥。适用于肝炎、胆囊炎、急性扁桃体炎、尿路感染等的辅助治疗。

3. 凉拌蒲公英：新鲜蒲公英洗净，焯水，切段，根据个人口味加入盐、生抽、蒜、醋、香油，拌匀即可食用。具有清热解毒、消肿散结、利湿退黄的功效，可缓解阴虚火旺所致的尿痛、尿黄等症。

【使用注意】食用时要焯水。不可大量食用。

136 蒜

【别名】胡蒜、大蒜、独头蒜、独蒜。

【来源】百合科植物蒜 *Allium sativum* L. 的鳞茎。春、夏采收，扎把，悬挂通风处，阴干备用。

【生长特征】适应性较强，耐寒，喜光。以肥沃、排水良好的砂质壤土最好。

【性味归经】辛，温。归脾、胃、肺经。

【主要功效】解毒消肿，杀虫，止痢。用于痈肿疮疡，疥癣，肺痨，顿咳，泄泻，痢疾。

【食用价值】大蒜富含水分、蛋白质、脂肪、碳水化合物、钙、磷、铁、维生素。大蒜中还蕴含硫胺素、核黄素、烟酸、蒜素、柠檬醛及硒、锗等微量元素。大蒜中蕴含丰富的大蒜素，具有良好的杀菌作用。大蒜中的蒜胺对于儿童脑细胞的发育具有重要的促进性作用。大蒜具有良好的新陈代谢促进功能，这主要是因为大蒜可以有效地降低人体中的胆固醇含量以及甘油三酯含量，对于治疗高血压、高血糖、动脉硬化、高血脂等疾病均具有重要的作用。大蒜还具有抗癌效果。

【药用举例】

1. 治腮腺炎：大蒜头 5g，雄黄 1g，捣烂敷。

2. 治一切肿毒：大蒜 3 ～ 4 粒，捣烂，入麻油和研，厚贴肿处，干再易之。

3. 治心腹冷痛：醋浸大蒜头，每次食 3 ～ 5 枚。

【药膳举例】

1. 糖醋大蒜：大蒜200g，白糖30g，醋100g，盐1茶匙。锅中倒入适量清水，水热放入白糖、盐慢慢熬化，再倒入陈醋，大火烧开。将剥去皮的大蒜倒入放凉的糖醋水中，封上保鲜膜放冰箱冷藏15天即可食用。每天早晨空腹食糖醋大蒜1～2瓣，连带喝少许醋汁，连服10～15日。适用于高血压人群。

2. 大蒜粥：大蒜30g，粳米100g。大蒜去皮，放入沸水中煮1分钟后捞出，将粳米放入煮蒜水中煮成稀粥，再将蒜放入同煮。适用于急性菌痢。

【使用注意】阴虚火旺，肝热目疾，口齿、喉舌诸患及时行病后均禁服生品，慎服熟品。敷脐、栓剂或灌肠均不宜于孕妇。外用对局部有强烈刺激性，能引起灼热、疼痛发疱，故不可过久敷。

137 酸筒杆

【别名】酸汤梗、酸杆、酸桶笋、酸广、酸筒梗。

【来源】蓼科植物虎杖 *Reynoutria japonica* Houtt. 的嫩茎。春、夏均可采收，洗净，鲜用或晒干。

【生长特征】生于山谷溪边、林下阴湿地。

【性味归经】酸、涩，寒。归肝经。

【主要功效】利胆退黄，清热利湿，解毒止痛。主治黄疸型肝炎，淋浊，咽喉肿痛，水火烫伤，蛇咬伤。

【食用价值】含丰富的维生素、多种有机酸类，还含有虎杖苷、白藜芦醇、大黄素、大黄酚、大黄酸等，具有明显的抗氧化、抗衰老和降血脂等保健效果。可以生吃，也可以晒干后制作成干菜。

【药用举例】

1. 治水火烫伤：鲜酸筒杆绞汁涂抹在烫伤处。

2. 治蛇虫咬伤：鲜酸筒杆捣烂敷在伤口处。

【药膳举例】

1. 凉拌酸筒杆：准备嫩酸筒杆、盐、白糖、麻油、味精等适量。春季采下嫩酸筒杆，开水略烫，切段，加盐、味精、白糖、麻油适量调拌均匀即可，有活血、散瘀、通经、镇咳等功效，适用于风湿筋骨疼痛、湿热黄疸、淋浊带下、经闭、产后恶露不净、跌打损伤等人群。

2. 酸筒杆炒腊肉：酸筒杆洗净，开水焯一下，剥去皮，冷水中漂几次，晾干后切段，配以干红辣椒、大蒜、姜，炒腊肉。

3. 酸筒杆炒肥肠：酸筒杆洗净，开水焯一下，剥去皮，冷水中漂几次，晾干后切段备用。起锅烧油，倒入葱姜蒜，把处理好的肥肠过一下油，然后加入辣椒、酸筒杆等，一起爆炒几分钟后，加入食盐、酱油、味精即可。

【使用注意】孕妇禁用。

138 辣椒

【别名】番椒、辣茄、辣角、辣子。

【来源】茄科植物辣椒 *Capsicum annuum* L. 或其栽培变种的成熟果实。7～10 月间果实成熟时采收，鲜用或晒干。

【生长特征】喜温暖，害怕寒冷，又忌高温和曝晒，喜潮湿又怕水涝，比较耐肥。宜在土层深厚肥沃，富含有机质和透水性好的沙壤土和两合土上种植。

【性味归经】辛，热。归心、脾经。

【主要功效】温中散寒，开胃消食。主治寒滞腹痛，呕吐，泻痢，冻疮，疥癣。

【食用价值】辣椒果实营养丰富，其果实中含有辣椒素、辣椒碱、维生素、辣椒色素、有机酸、蛋白质、糖和矿物质等多种功能性成分。辣椒含有丰富的维生素等，食用辣椒能增加饭量，增强体力，改善怕冷、冻伤、血管性头痛等症状。辣椒含有一种特殊物质，能加速新陈代谢，促进激素分泌，保健皮肤；富含维生素 C，可以控制心脏病及冠状动脉硬化，降低胆固醇；含有较多抗氧化物质，可预防癌症及其他慢性疾病。

【药用举例】

1. 治冻疮：剥辣椒皮，贴上即愈。

2. 治胃寒疼痛：辣椒 1 个，生姜 3 片，加红糖，水煎服。

3. 治疟疾：辣椒子 30 粒。每日晨起空腹时服下，连服 4 天。未成年者减半。

4. 治秃发：辣椒 10g，切碎，白酒 50mL 浸泡 7 天，取浸泡液搽患处。

【药膳举例】

1. 糯米酸辣子：取颗大肉厚的辣椒洗净剖开半边，取出籽粒，将调拌好的糯米粉装入辣椒肚内裹紧，放入陶罐内腌半个月，取出煎炸，待辣椒肚内糯米粉熟透后即可。具有开胃消食之功效。

2. 豆腐皮包辣椒：辣椒粉 1g，早晨用热豆腐皮包裹吞服。适用于寒滞腹痛、痢疾水泻人群。

【使用注意】阴虚火旺及诸出血证者禁服。

139 蕨

【别名】蕨菜、龙头菜。

【来源】蕨科植物蕨 *Pteridium aquilinum*（L.）Kuhn var.*latiusculum*（Desv.）Underw. 的嫩茎。3～4 月采收，晒干或鲜用。

【生长特征】生于海拔 200～1000m 的山地林缘、林下草地及向阳山坡。

【性味归经】甘，寒。归肝、胃、大肠经。

【主要功效】清热利湿，降气化痰，止血。主治感冒发热，黄疸，痢疾，带下，噎膈，肺结核咯血，肠风便血，风湿痹痛。

【食用价值】蕨菜中含有丰富的蛋白质、脂肪、粗纤维、铁以及微量元素锌，具有良好的营养保健作用，对促进肠胃蠕动、预防便秘、降低血脂和胆固醇方面具有一定效果。

【药用举例】

1. 治产后痢疾：取新生蕨菜，不限多少，阴干为细散。每日空心，取 9g 用陈米汤送服。

2. 治脱肛：蕨全草 3～6g 煎汤。每日分 2～3 次服。

3. 治肌肉异物残留：新鲜蕨菜适量，捣烂如泥状，敷在异物存留处，每日 1 次。

【药膳举例】

1. 蕨菜炒腊肉：准备蕨、腊肉、大蒜、辣椒适量，调料少许。将新鲜蕨菜去尖洗净，在开水中焯一下，捞出放凉，将茎撕开变细条状，切段备用。腊肉洗洁后切片放入锅内加清水煮开滤出，锅内放少许食用油，油温七成热后放入辣椒煸香，再放入腊肉炒香出油，放入蕨菜翻炒后加大蒜、调料即可。有润肠通便之效。适用于便秘、口舌生疮等人群。

2. 凉拌蕨菜：准备蕨菜 250g，调料适量。将新鲜嫩蕨菜去尖洗净，在开水中氽熟，捞出放凉，将茎撕开变细条状，切段，加入盐、生抽、麻油等调料即可食用。有清热解毒、润肠、化痰之功效。适用于咳嗽、咽喉肿痛、肠风热毒、湿疹、疮疡等人群。

【使用注意】食用时要焯水，不宜生食、久食，脾胃虚寒及生疥疮者慎服。

140 樱桃

【别名】英桃、莺桃、含桃。

【来源】蔷薇科植物樱桃 *Cerasus pseudocerasus*（Lindl.）G. Don. 的果实。5 月中旬采收，鲜用或晒干。

【生长特征】喜光，喜温，喜湿，喜肥，生于山坡林中、林缘、灌丛中。广泛栽培于庭院或农圃中。

【性味归经】甘，温。归脾、胃、肝经。

【主要功效】补血益肾，调中，益气，祛风湿。主治脾虚泄泻，肾虚遗精，瘫痪，四肢不仁，风湿腰腿疼痛，冻疮。

【食用价值】营养丰富，含蛋白质，膳食纤维，碳水化合物，钙、磷、铁、锌等元素，胡萝卜素，维生素 C，及柠檬酸、酒石酸等有机酸，富含花色苷、槲皮素、堪非醇、p- 香豆酸、没食子酸、紫苏醇和褪黑素等若干重要的天然保健功能成分，具有抗贫血、调理肠胃、抗氧化、抗衰老、美颜美容的功效。除鲜食外，还可以加工成汁、酱、罐头、果脯、果酒等。

【药用举例】

1. 治成人及小孩出麻疹应期不透：樱桃核、红牛皮菜、芫荽子各 9g，煎水服。

2. 治汗斑（花斑癣）：樱桃 20 ～ 30 枚，捣烂取汁，涂搽患处，每日 3 次。

3. 治咽喉炎：鲜樱桃适量，捣烂取汁，早晚服用。

【药膳举例】

1. 樱桃水：准备鲜樱桃数斤。将樱桃洗净后沥干水，再装入瓷坛内封固，放置阴凉处3周左右，坛中樱桃已自化为水，将果核除去，留取清汁服用。具有调中益气、健脾和胃、祛风湿之功效，适用于食欲不振、消化不良、风湿身痛等人群。

2. 樱桃酒：樱桃500g，米酒250mL。樱桃洗净，去蒂，晾干加入米酒中密封15～20天即可食用。具有祛风胜湿、活血止痛、美颜美容之效，适用于风湿腰腿痛、屈伸不利及长冻疮的人群。

【使用注意】不可多食，令人发暗风；能发虚热咳嗽之疾，小儿尤忌。热病、虚热咳嗽者忌食，溃疡、肾病、糖尿病患者忌食。

141 豌豆

【别名】青豆、荷兰豆、寒豆、雪豆。

【来源】为豆科植物豌豆 *Pisum sativum.* L. 的种子。7～9月采收，鲜用或晒干。

【生长特征】全国各地有栽培。为半耐寒作物，喜温和湿润气候，不耐燥热，抗旱性差。

【性味归经】甘，平。归脾、胃经。

【主要功效】和中下气，利小便，解疮毒。主治霍乱转筋，脚气，痈肿，消渴，吐逆，乳少，疮痈。

【食用价值】鲜豌豆的营养丰富，含蛋白质，氨基酸，不饱和脂肪酸，膳食纤维，维生素 B_1，维生素 B_2，维生素 C，维生素 E，胡萝卜素，烟酸，钾、磷、镁、钙、锰、铁、锌、硒等元素，具有健脾和胃、生津止渴、缓解便秘、美容美颜、延缓衰老、防癌抗癌、增强免疫力等功效。鲜嫩的茎秧、豆荚、青豆以及豌豆苗均是备受欢迎的蔬菜。

【药用举例】

1. 治霍乱，吐利转筋，心膈烦闷：豌豆200g，香薷90g。水煎温服。

2. 治消渴（糖尿病）：豌豆适量，煮熟淡食，吃豆喝汤，日服2次，每次30g。

【药膳举例】

1. 豌豆核桃煎：新鲜豌豆200g，炒熟的核桃200g，清水

200mL。将鲜豌豆煮烂，捣成泥，与炒熟的核桃仁加水煮沸，每次吃 50mL，温服，每日 2 次。有润肠通便之功效，适用于小儿、便秘老人、叶酸缺乏者等人群。

2. 豌豆芫荽汤：豌豆 120g，陈皮 10g，芫荽 60g。将以上原料放入锅中加入适量清水煎汤即可取汁温服，有利湿降浊、开胃健脾、止吐之功效，适用于湿浊阻滞、脾胃不和、吐泻转筋等人群。

【使用注意】豌豆熟以后极不易消化，胃肠道消化功能欠缺者最好少食豌豆，以免引起消化不良。多食发气痰，引起腹胀。

142 鲫鱼

【别名】鲋鱼、鲫瓜子、鲫拐子。

【来源】鲤科动物鲫鱼 *Carassius auratus* Linnaeus. 的肉，四季均可捕捞，捕后，除去鳞、鳃及内脏，洗净，鲜用。

【生长特征】生活在淡水中的杂食性鱼，择食而居，冬季多潜入水底深处越冬。

【性味归经】甘，平。归脾、胃、大肠经。

【主要功效】健脾和胃，利水消肿，通血脉。主治脾胃虚弱，纳少反胃，痢疾，便血，水肿，淋证，痈肿，溃疡。

【食用价值】含蛋白质、脂肪、碳水化合物、钙、磷、铁、硫胺素、核黄素、烟酸，是肝肾疾病、心脑血管疾病患者的良好蛋白质来源。具有通乳催奶、和中开胃、美容、增强抗病能力的功效，适宜慢性肾炎水肿，肝硬化腹水，营养不良性浮肿，孕妇产后乳汁缺少，脾胃虚弱、饮食不香，小儿麻疹初期或麻疹透发不快，痔疮出血，慢性久痢者食用。

【药用举例】

1. 诸疮肿毒：鲫鱼 500g，去肠，柏叶填满，纸裹泥包烧存性，入轻粉 6g，为末。麻油调搽。

2. 治全身水肿：鲜鲫鱼 1 条，砂仁末 6g，甘草末 3g。将鱼去鳞及内脏，洗净，将药末纳入鱼腹中，用线缝好，清蒸熟烂，分 3 次当菜吃（忌盐、酱 20 天）。

【药膳举例】

1. 鲫鱼豆腐汤：鲫鱼1条，豆腐1块，色拉油适量，食盐1茶匙，鸡精1/2茶匙，葱1段，姜3片，胡椒粉适量，黄酒1汤匙。将豆腐切成1cm厚的薄片，用盐水渍5分钟，沥干待用。鲫鱼去鳞和内脏，抹上黄酒，用盐腌制10分钟。锅中放油加热，将鱼两面煎黄。加入葱、姜、适量水，大火煮10分钟转小火煲30分钟。然后加入豆腐，再煮5分钟左右，加盐和胡椒粉、鸡精调味，撒上葱花即可。有益气健脾、利尿消肿、清热解毒、降低胆固醇的功效，对防治高血压、动脉硬化、冠心病有辅助作用。

2. 鲫鱼汤：鲫鱼刮鱼鳞，除去鱼鳍和内脏，洗净，锅中放少许油，将鱼放入，小火煎至两面金黄，另起锅，放入开水，放入鱼，加入少许盐、葱、姜，熬至汤汁奶白色，稍浓稠，即可。具有健脾利湿、和中开胃、活血通络、温中下气的功效，对脾胃虚弱、水肿、溃疡、气管炎、哮喘、糖尿病人群有很好的滋补食疗作用。

【使用注意】吃鱼前后忌喝茶，忌砂糖。感冒发热期间不宜多吃。

143 蝎子

【别名】全虫、全蝎、钳蝎。

【来源】钳蝎科动物东亚钳蝎 *Buthus martensii* Karsch 的全体。春末至秋初捕捉，除去泥沙，鲜用或置沸水、沸盐水中煮至全身僵硬，捞出，置通风处，阴干。

【生长特征】喜栖于石底及石缝的潮湿阴暗处。

【性味归经】辛，平，有毒。归肝经。

【主要功效】息风镇痉，攻毒散结，通络止痛。用于小儿惊风，抽搐痉挛，中风口歪，半身不遂，破伤风，风湿顽痹，偏正头痛，疮疡，瘰疬。

【食用价值】含蝎毒，谷氨酸、甘氨酸、脯氨酸、组氨酸、精氨酸等十多种氨基酸，钠、磷、钾、钙、镁、锌、铁、铝、铜、锰、氯等29种无机元素，尚含三甲胺、胆甾醇、卵磷脂、蝎酸、牛磺酸、软脂酸、亚麻酸等。具有强身健体、活血化瘀、安神、协调人体机能、促进新陈代谢、增强细胞活力等功能，对神经系统、心脑血管系统、肝、胃、肾、皮肤有独特的免疫作用。蝎子可加工烹调成美味佳肴，还可制成保健食品如蝎精口服液、蝎精胶囊、蝎粉、蝎补膏、蝎酒等。

【药用举例】

1. 治小儿惊风：蝎子1个，不去头尾，薄荷四叶裹合，火上炙令薄荷焦，同研为末，作四服，汤下。

2. 治癫痫：全蝎、郁金、明矾各等量。研粉混匀，每服

1.5g，每日3次。

【药膳举例】

1. 蝎子炖赤小豆汤：蝎子50g，赤小豆50g，昆布40g，田七15g，猪瘦肉300g，生姜3片。蝎子用胶袋盛放，倒入热水烫后，洗净；赤小豆、昆布洗净，稍浸泡；田七打碎；猪瘦肉洗净，整块不刀切。一起与生姜放进炖盅内，加入冷开水1500mL（约6碗水量），盖上盅盖，隔水炖约3小时，调入适量盐、油便可。具有清热解毒、祛湿除困、清肝散结的功效，适用于皮疹颜色发紫，囊肿呈硬块状等人群。

2. 全蝎炖鱼肚：蝎子6g，蜈蚣2条，鱼肚250g，料酒10g，姜5g，葱10g，盐4g，味精3g，鸡汤2800mL，鸡油25g。将鱼肚切4cm长的片，蜈蚣去头，洗净。将鱼肚、全蝎、蜈蚣、料酒、姜、葱同放炖锅内，加入鸡汤，置武火上烧沸，再用文火炖50分钟，除去蜈蚣，加入盐、味精、鸡油，搅匀即成。分作5份，每日1次，每次1份。具有除湿、解毒、消肿、散结的功效，子宫癌患者食用尤佳。

【使用注意】血虚生风者及孕妇禁食，久病体虚的患者不宜吃，过敏体质者忌食。蝎子有毒，不可多服。

144 薜荔果

【别名】鬼馒头、木馒头、凉粉子。

【来源】桑科植物薜荔 *Ficus pumila* L. 的近成熟花序托。夏秋采收，将近成熟的花序托去柄，鲜用或晒干。

【生长特征】生于山坡树木间或断墙破壁上。

【性味归经】甘、涩，平。归肾、胃、大肠经。

【主要功效】补肾固精，通乳，活血消肿，解毒消肿。用于肾亏腰酸，阳痿遗精，乳汁不通，痈肿初起。

【食用价值】含有丰富的蛋白质、脂肪、糖类、多种维生素及钙、磷、铁等元素，种子中含有一种凝胶质样的果胶，具有抗氧化、增强免疫力等保健作用。

【药用举例】

1. 治阳痿遗精：薜荔果 12g，葎草 12g。煎服，连服半个月。

2. 治乳汁不通：薜荔果 15g，猪前蹄 1 只。煎汤服。

3. 治疝气：薜荔果 9g，羊开口 60g，黄独 15g，橘核 9g。煮猪精肉食。

【药膳举例】

1. 薜荔凉粉：准备薜荔子适量。将种子和果皮一起碾碎，加水搅拌均匀，取汁放入纱布袋过滤，过滤后的汁水放入锅内加热，并向一个方向搅拌均匀，不需添加任何物质，就形成晶莹剔透、细嫩的凉粉。凉粉加调料即可食用，有清凉解暑、祛风利湿之效，适用于夏天容易中暑及小便不利、下肢浮肿等人群。

2. 薜荔炖猪肉： 鲜薜荔果150g，精猪肉500g，料酒50mL，调料若干。将薜荔果洗净，切开备用。猪肉洗净，切成3cm见方肉块备用。将猪肉、薜荔果同放瓦罐中，加入料酒、适量清水、少许精盐、姜片1块，旺火煮沸，然后小火焖45分钟，即可食用。有健脾养血、通经活络之效，适宜于病后体虚患者食用。

3. 薜荔炖猪脚： 鲜薜荔果6个，猪脚1只，上二味洗净切块共炖熟，根据个人口味加入食盐、味精，服汤食肉，适宜于产后乳少的治疗。

【使用注意】 脾胃功能较弱者不宜多食，胃及十二指肠溃疡者忌食，不宜长期大量食用。

145 薏苡仁

【别名】薏米、苡仁、薏珠子、草珠儿。

【来源】禾本科植物薏米 *Coix lacryma-jobi* L.var.*ma-yuen*（Roman.）Stapf的成熟种仁。秋季果实成熟时采割植株，晒干，打下果实，再晒干，除去外壳、黄褐色种皮及杂质，收集种仁。

【生长特征】生于屋旁、荒野、河边、溪涧或阴湿山谷中。

【性味归经】甘、淡，凉。归脾、胃、肺经。

【主要功效】利水渗湿，健脾止泻，除痹，排脓，解毒散结。用于水肿，脚气，小便不利，脾虚泄泻，湿痹拘挛，肺痈，肠痈，赘疣，癌肿。

【食用价值】薏苡仁在五谷类中属纤维质高、低脂、低热量之品，是减肥的极佳主食之一。它还含有丰富的蛋白质、油脂、维生素和糖类等。薏苡仁含有人体所必需的8种氨基酸，并且比例非常接近人体的需要。每100g薏苡仁中约含有蛋白质9.4g，脂肪2.7g，碳水化合物66.5g，维生素B_1 0.33g，维生素B_2 0.13g，烟酸7.9mg，维生素E 0.22mg，膳食纤维4.9g。薏苡仁还含有磷、铁、钙、锌、钾等元素。其常做熬粥之用，有促进新陈代谢和减少胃肠负担的作用，是体弱患者的补品，同时还能降血糖、降血脂、降血压等。薏苡仁还是传统的美容佳品，具有润泽肌肤、美白祛斑之效，经常食用或研粉外敷，能使皮肤光滑、滋润、白皙，并且能消除粉刺、色斑、扁平疣等。

【药用举例】

1. 风湿身痛，晚上加剧：薏苡仁 30g，麻黄 10g，杏仁 9g，甘草 30g。水煎服。

2. 砂石热淋：薏苡仁 30g，白茅根 15g。水煎热饮，以通为度。

【药膳举例】

1. 薏苡扁豆粥：薏苡仁、白扁豆各 30g，粳米 100g。三者同下锅共煮成粥，每日分 2 次服用，适用于暑湿外感，头身困重。

2. 薏仁粳米粥：薏苡仁 30g，粳米 60g。二者共煮成粥，每日食之，适用于泄泻，不思饮食者。

【使用注意】加碱同煮，易破坏其所含维生素，宜忌之。脾虚无湿、大便燥结者及孕妇慎服。

146 螃蟹

【别名】拿岩、河蟹、青蟹、蟹。

【来源】方蟹科动物中华绒螯蟹 *Eriocheir sinensis* H. Milne-Edwards、日本绒螯蟹 *Eriocheir japonicuas*（de Haan）的全体。多在立冬前后捕捉，鲜用或干燥备用。

【生长特征】生活于池塘、湖泊、河荡。

【性味归经】咸，寒。归肝、胃经。

【主要功效】舒筋益气，理胃消食，通经络，散诸热，清热，滋阴。用于治疗跌打损伤，筋伤骨折，瘀血肿痛，湿热黄疸，痈肿疔毒，漆疮，烫伤及妇人产后瘀血腹痛、难产、胎衣不下等症。

【食用价值】螃蟹的营养价值很高，富含蛋白质，脂肪，碳水化合物，胆固醇，维生素 A，硫胺素，核黄素，烟酸，维生素 E，钙、磷、钾、钠、镁、铁、锌、硒、铜、锰等元素，谷氨酸、甘氨酸、脯氨酸、组氨酸、精氨酸等多种氨基酸。对于高血压、动脉硬化、脑血栓、高血脂及各种癌症有较好的疗效，对结核病的康复也大有补益。

【药用举例】

1. 治骨折离脱：生蟹捣烂，以热酒倾入，连饮数碗，其渣涂之，半日内，骨内谷谷有声即好。

2. 治产后小腹作痛及吹乳，乳痛：螃蟹 1 个，烧存性，研末。空心，好酒 1 盏调服。

【药膳举例】

1. 螃蟹炖田七：螃蟹 2 只（约 400g），田七粉 9g，盐适量，生姜 1 片，葱 1 根。活蟹去壳，除去蟹肚和臊腺，洗净泥沙，斩成 4 块，仍旧摆成蟹形，放入炖盅，加入田七粉、姜、葱、盐，倒入适量沸水。上笼，武火炖 30 分钟即可。具有养精益气、消食健胃的功效，有利于骨骼发育，能增强造血功能、改善脾胃功能，并对内伤出血、外伤瘀肿、冠心病、心绞痛等疾病均有辅助治疗作用。

2. 螃蟹粥：大米 150g，螃蟹 300g，姜、葱、盐适量。将螃蟹洗净，去掉蟹脐、蟹腮、蟹心、蟹胃，切块备用，大米用电饭煲煮一锅粥，粥煮好后将螃蟹块和姜放入锅内一起煮，出锅前加入葱和盐。对于高血压、动脉硬化、脑血栓、高血脂及各种癌症患者有较好的辅助治疗作用。

【使用注意】痛风患者、脾胃虚寒者慎食。患有感冒、肝炎、心血管疾病的人及孕妇不宜食蟹。

147 藜

【别名】灰灰菜、灰条菜、灰藋、天小米。

【来源】藜科植物藜 *Chenopodium album* L. 的幼嫩全草。4～5月采收，鲜用或晒干。

【生长特征】生于荒地、路旁及山坡。

【性味归经】甘，平。归肺、肝经。

【主要功效】清热祛湿，解毒消肿，杀虫止痒，止泻。主治发热，咳嗽，痢疾，腹泻，腹痛，疝气，龋齿痛，湿疹，疥癣，白癜风，疮疡肿痛，毒蛇咬伤。

【食用价值】灰灰菜嫩茎叶含蛋白质、脂肪、糖类、膳食纤维以及钙、铁等元素，特别是其含丰富的胡萝卜素和维生素C，有助于增强人体免疫功能。

【药用举例】

1. 治痢疾腹泻：藜全草30g。煎水服。

2. 治皮肤湿毒，周身发痒：藜全草、野菊花等量，煎汤熏洗。

3. 治盗汗：藜15g，夜关门9g，乌莓苆子5个。水煎服，每日3次。

【药膳举例】

1. 凉拌灰灰菜：准备灰灰菜、精盐、酱油、食醋、香油、白糖、味精等适量。将灰灰菜用开水焯后，再用清水冲几次，调入酱油、精盐、食醋、香油及少许白糖和味精便可食用，有预防贫血、促进儿童生长发育之功效，对中老年缺钙者也有一定的保健作用。

2. 灰灰菜炒鸡蛋：灰灰菜200g，鸡蛋3个，食用盐少许。将新鲜的灰灰菜洗净后切小段，锅内放适量菜油烧成七成热，放入灰灰菜翻炒，至灰灰菜变色时将鸡蛋打碎放入锅中炒熟，出锅前放少许食用盐即可。有补虚除烦之功效，适用于虚烦潮热、疲乏无力等人群。

3. 灰灰菜面卷：灰灰菜500g，玉米面250g，白面500～750g，酵母粉适量。把灰灰菜洗净切碎；将玉米面和一块混合均匀，加入适量酵母粉和成面团发酵。将发好的面团擀成面皮，再把灰灰菜均匀撒在面皮上，做成菜卷，上锅蒸熟吃。有清胃火、通大便、祛口臭的作用。

【使用注意】部分人服用后可造成“藜日光过敏性皮炎”，故服后应尽量减少日光照射。不可多食。

148 藕

【别名】菜藕、荷藕、莲藕。

【来源】睡莲科植物莲 *Nelumbo nucifera* Gaertn. 的肥大根茎。秋、冬及春初采挖。

【生长特征】生于水泽、池塘、湖沼或水田内。

【性味归经】甘，寒。归心、肝、脾、胃经。

【主要功效】清热生津，凉血，散瘀，止血。用于热病烦渴，吐衄，下血，热淋等。

【食用价值】莲藕含大量淀粉、蛋白质、膳食纤维、维生素B、维生素C、脂肪、碳水化合物及钾、钠、钙、镁、磷、铁等多种矿物质，有降糖降脂、促进消化、增强免疫力的作用。莲藕不仅是“佳蔬”，还可加工成饮料、粉、糕点等。

【药用举例】

1. 治时气烦渴不止：生藕，捣绞取汁200mL，入生蜜20mL，搅匀，分2次服。

2. 治热淋：生藕汁、地黄汁、葡萄汁各等分。每次100mL，入蜜温服。

3. 治上焦痰热：藕汁、梨汁各50mL，含服。

【药膳举例】

1. 藕炒木耳：藕、黑木耳、葱、姜、蒜适量。将莲藕洗净后切片，木耳发泡，葱、姜、蒜切好备用。锅中放入适量食用油，葱、姜、蒜爆香，放入莲藕，大火炒匀，加入木耳，炒熟，放入少许盐后起锅即可食用，有除烦解渴、健脾开胃、滋阴润燥之功效。适用于女性及便秘、阴虚内热等人群。

2. 莲藕排骨汤：莲藕 500g，排骨 500g，生姜、调料适量。将排骨切段，莲藕洗净后切块或段备用。把排骨、莲藕、生姜一起放入砂锅里加水煲 2 小时左右，出锅前放入调料即可。有提高免疫力、强身健体、滋阴、清热、祛火之功效，适用于食欲不振、消化不良、身体疲乏等人群。

3. 清炒莲藕：莲藕洗净后切片，放入锅内翻炒熟，出锅前放入食用盐少许即可。有清热凉血、开胃和中之功效，适用于热病口渴、便秘、糖尿病等人群。

【使用注意】脾胃虚寒、易腹泻者不宜食用生藕。产妇不宜过早食用莲藕。忌铁器。

149 魔芋

【别名】蒟蒻、磨芋、麻芋子。

【来源】天南星科植物魔芋 *Amorphophallus rivieri* Durieu 的块茎。夏秋采挖，除去地上茎叶及须根，洗净，鲜用或阴凉处风干。

【生长特征】生于疏林下、林缘或溪谷两旁湿润地，或栽培。

【性味归经】辛、苦，寒，有毒。归肺、肝、脾经。

【主要功效】化痰消积，解毒散结，行瘀止痛。主治痰嗽，积滞，疟疾，瘰疬，癥瘕，跌打损伤，痈肿，疔疮，丹毒，烫火伤，蛇咬伤。

【食用价值】魔芋是一种低热量、高纤维素的传统食品，含有独特的营养，据分析，每百克魔芋精粉中含蛋白质 1.64g，脂肪 0.004g，钙 148mg，磷 57mg，铁 4.06mg，锌 1.23mg，锰 0.2mg，铬 0.25mg，铜 0.08mg，葡萄甘露聚糖 79.37mg。魔芋中所含的葡萄甘露聚糖对降低糖尿病人的血糖有较好的效果。魔芋中的纤维素有促进胃肠蠕动及润肠通便功能。

【药用举例】

1. 治流行性腮腺炎：魔芋 1 块，用醋磨浓汁涂患处，日涂 4～5 次。

2. 治丹毒：魔芋适量，捣烂，拌入嫩豆腐外敷。

3. 治淋巴结核：魔芋 30g，洗净切片，加水煎煮 3 小时以上，去渣服汁。

【药膳举例】

1. 凉拌魔芋豆腐：魔芋豆腐250g，葱、姜、蒜、辣椒粉、醋适量。碱水磨魔芋制成魔芋豆腐，在开水中煮10分钟后捞出切丝，再将切好的姜、葱、蒜和辣椒粉与魔芋豆腐丝拌匀，然后酌加盐、醋拌匀即可食用，适用于改善便秘、降血脂、降血糖、减肥。

2. 玫瑰魔芋豆腐：魔芋豆腐300g，玫瑰花30g。魔芋豆腐切丝水煮3小时以上，加玫瑰花再煮2分钟，捞出沥干水，加入芝麻油、食盐等调料食用，适用于缓解经期焦躁，延后围绝经期。

【使用注意】不宜生服。内服不宜过量。误食生品及过量服用易产生中毒症状：舌、咽喉灼热，痒痛，肿大。

150 糯米藤

【别名】糯米菜、糯米草、蔓苎麻

【来源】荨麻科糯米团 *Gonostegia hirta* (Bl.) Miq. 的带根全草，糯米团的叶常用作食用。全年可采，洗净，鲜用或晒干。

【生长特征】生于溪谷林下阴湿处，山麓水沟边。

【性味】甘、微苦，凉。归脾、胃经。

【主要功效】清热解毒，健脾消积，利湿消肿，散瘀止血。主治乳痈，肿毒，痢疾，消化不良，食积腹痛，疳积，带下，水肿，小便不利，痛经，跌打损伤，咯血，吐血，外伤出血。

【食用价值】糯米藤营养成分丰富，含有多糖、黄酮类等多种有效成分，具有抗氧化活性以及增强人体免疫力等作用。糯米团的嫩叶亦是一道味道鲜美的野菜，可以凉拌、熬粥或炖汤。

【药用举例】

1. 治乳痈，疔疖：糯米藤适量，捣烂，醋调外敷，每日换药1次。

2. 治下肢慢性溃疡：糯米藤、三角泡、桉树叶各适量，捣烂敷患处。

3. 治急型黄疸型肝炎：鲜糯米藤、糯稻根各60g。水煎服。

【药膳举例】

1. 凉拌糯米藤：糯米藤叶200g，香醋1大勺，剁椒1小勺，盐适量，蚝油、鸡精少许。将糯米藤叶洗净，放入沸水锅中汆熟后捞出放入碗中，加入剁椒、蚝油、香醋、鸡精、盐，调拌均匀即可食用。具有清热解毒的功效，适用于易生毒疮人群。

2. 糯米藤粥：糯米藤叶60g，山药30g，薏苡仁30g，粳米100g。将糯米藤洗净，切成1～2寸长的节，用冷水浸泡半小时，放入砂锅，加水煮沸，然后改用小火煎成浓汁，取汁后，再加冷水如上法煎煮第二遍，去渣，将两次的煎药液合并，再加水适量。将山药切片备用，薏苡仁、粳米分别淘洗干净，最后将山药、薏苡仁、粳米一道放入糯米藤药液中熬煮至粥成即可。具有健脾消积的功效，适用于脾胃虚弱、食欲不振等人群。

【使用注意】脾胃虚寒者慎用。

拉丁学名索引

A

B

C

D

E

F

G

H

I

K

L

O

P

R